你好，大坝

陈生水 高长胜 向衍 等 编著

中国水利水电出版社
www.waterpub.com.cn
· 北京 ·

图书在版编目（CIP）数据

你好，大坝 / 陈生水等编著 . -- 北京 : 中国水利水电出版社 , 2024.1
ISBN 978-7-5226-1009-2

Ⅰ . ①你… Ⅱ . ①陈… Ⅲ . ①大坝－普及读物 Ⅳ . ① TV649-49

中国版本图书馆 CIP 数据核字 (2022) 第 172220 号

审图号：GS 京（2023）2405 号

责任编辑：徐丽娟
策划编辑：栾　峰

书　　名	你好，大坝 NIHAO, DABA
作　　者	陈生水　高长胜　向　衍　等　编著
插　　画	茶　茶　刘小凡　小　怼　刘　露
封面设计	陆　云
排　　版	宋一尘　陆　云
出版发行	中国水利水电出版社 （北京市海淀区玉渊潭南路1号D座　100038） 网　址：www.waterpub.com.cn E-mail：sales@mwr.gov.cn 电　话：（010）68545888（营销中心）
经　　售	北京科水图书销售有限公司 电话：（010）68545874、63202643 全国各地新华书店和相关出版物销售网点
印　　刷	清淞永业（天津）印刷有限公司
规　　格	250mm×250mm　12开本　9印张　126千字
版　　次	2024年1月第1版　2024年1月第1次印刷
定　　价	98.00元

《你好，大坝》

编委会

前言

Contents

人类的生存离不开水资源，但世界上大部分地区的水资源时空分布是不均衡的。早期人类技术手段缺乏，无法对大自然的水资源进行有效调节。进入工业社会后，随着技术的进步，人类可以在江河上建造各式各样的大坝，形成水库。水库既可以在洪水期间拦蓄上游洪水，避免洪水泛滥，保护下游民众生命财产安全，同时，又可以存储大量的水资源用于灌溉、供水、发电等。此外，由于水库蓄水提高了河道水位，有利于航运交通和生态调节，并且通过扩大水面优化河道景观，进而促进旅游业和城镇经济发展。因此，建设水库大坝在很大程度上可以改善我们的生活品质。

目前，水库大坝在水资源调节、江河流域防洪、清洁可再生能源开发利用等方面具有不可替代的作用。作为国家重要的基础设施，水库大坝不仅是调控水资源时空分布、优化水资源配置、生产清洁能源的重要工程，也是流域防洪工程体系和国家水网的重要节点，是复苏河湖生态环境的重要支撑，具有保障防洪安全、供水安全、粮食安全、能源安全、生态安全等重要功能。

水库大坝建设经历了长时间的发展历程，大量工程实践经验的积累使大坝建设形成了相对成熟的技术体系。目前，全世界已经建成数十万座大坝，未来还将继续进行大坝建设。随着科学技术进步和管理能力的持续提升，新技术、新装备、新材料和新理念不断被引入到大坝建设与运行管理中，使得大坝建设和安全管理技术水平持续提高。随着社会对大坝安全的高度重视，涉及大坝安全管理的法律、法规，以及相关的分析评价方法和监管措施不断完善，大坝安全保障能力也得到了进一步提升。

为做好大坝安全科普，提升公众对大坝的认识，南京水利科学研究院、水利部大坝安全管理中心组织专家编写《你好，大坝》一书。全书共分 7 章，分别是：认识大坝、大坝的历史、大坝的类型、大坝的功能、大坝运行管理、大坝安全保障、大坝之“最”。编写分工如下：第 1 章由陈生水、向衍编写，第 2 章由向衍、陈生水、施瑾、谷金钰等编写，第 3 章由高长胜、盛金保等编写，第 4 章由高长胜、傅中志等编写，第 5 章由郝钊、高立洪等编写，第 6 章由施瑾、孟颖、吴宏伟等编写，第 7 章由吴素华、杨林、汤刘山等编写。全书由陈生水、高长胜、向衍负责统稿，由郝钊、施瑾、吴素华、高立洪、陈蓉翻译。

本书的出版得到了亚洲合作资金项目、南京水利科学研究院出版基金，以及中央级公益性科研院所基本科研业务费专项资金资助。

由于水库大坝涉及知识面广，同时受到作者所收集的资料及掌握的知识限制，书中难免有疏漏甚至谬误之处，敬请读者批评指正。

编委会

2023 年 12 月

Contents

目录

你好大坝

第1章

认识大坝

水是人类生存和社会发展中至关重要的战略资源。水资源的合理利用直接关系到国家的可持续发展、粮食安全、能源安全、生态健康和环境美好。然而，由于天然降水分布不均，一些地区常常遭受洪涝或干旱等自然灾害，而气候变化和强人类活动则进一步加剧了水旱灾害的程度。因此，水库大坝不仅是调控水资源时空分布、优化水资源配置的重要工程，也是江河防洪工程体系的重要组成部分，更是改善生态环境不可或缺的支撑系统。在保障国家水安全和实施国家战略中，水库大坝具有不可替代的公益性作用。

水与水资源

水是生命之源、生态之基、生产之要、文明之魂，既不可或缺，又无以替代。与煤炭、石油和森林等资源相比，水还是一种可再生的重要自然资源和经济资源。

地球上可供人类利用的地表和地下淡水称为水资源。水资源具有多种功能，如饮用、灌溉、航运、发电、生态、生产等。

水循环示意图

图　例
01 黑龙江流域
02 辽河流域
03 滦河流域
04 海河流域
05 黄河流域
06 淮河流域
07 长江流域
08 东南沿海诸河流域
09 珠江流域
10 沅江-红河流域
11 澜沧江-湄公河流域
12 怒江-萨尔温江流域
13 伊洛瓦底江流域
14 雅鲁藏布江流域
15 内流区
16 恒河流域
其他流域
主要流域界
内外流区域界
北京
乌鲁木齐
乌兰巴托
呼和浩特
银川
兰州
西宁
西安
太原
石家庄
天津
济南
郑州
合肥
南京
上海
武汉
成都
重庆
长沙
南昌
贵阳
昆明
南宁
广州
福州
台北
拉萨
沈阳
长春
海口
香港特别行政区
澳门特别行政区
新疆维吾尔自治区
西藏自治区
内蒙古自治区
青海省
甘肃省
四川省
云南省
广西壮族自治区
广东省
海南省
南海

中国水系流域图

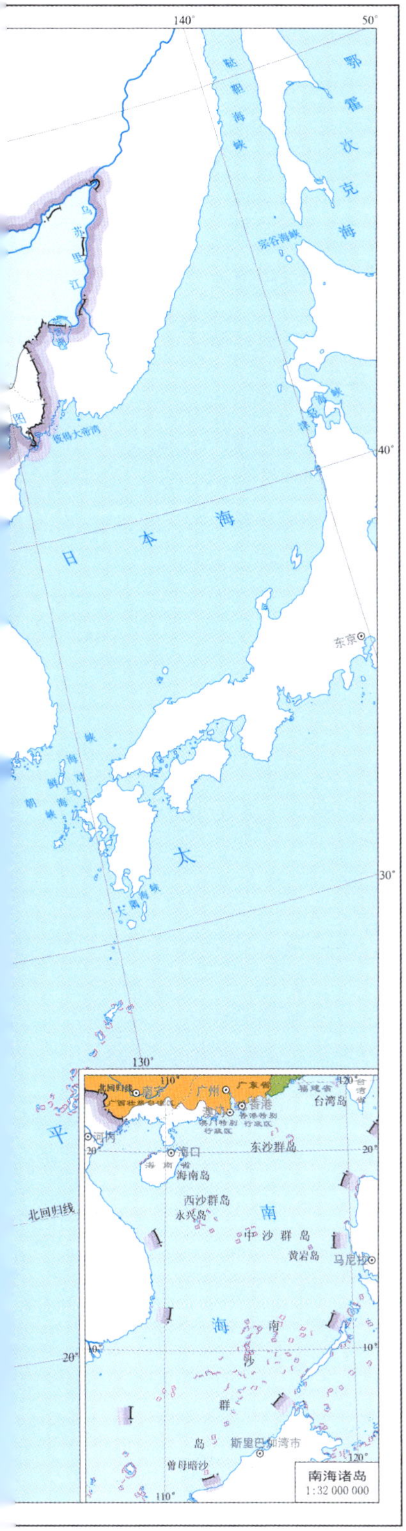

降水可以直接为人类所利用，同时也是河川径流和浅层地下水的来源。全球多年平均年降水量约 800 mm，产生的河川径流量 46.8 万亿 m^3。中国多年平均年降水量为 648 mm，产生的河川径流量 2.8 万亿 m^3。与世界上其他国家相比，中国水资源总量仅次于巴西、俄罗斯、加拿大、美国和印度尼西亚，居世界第六位，但由于中国人口众多，2022 年人均水资源占有量约为 1918 m^3，约为世界平均水平的 1/3。由于天然降水时空分布不均，一些地区常发生洪水或干旱等自然灾害。气候变化和人类活动加剧了水旱灾害的程度。

中国水资源分布趋势是由东南向西北递减，空间分布极不平衡，且在年内、年际分配也不均匀。流域内所有河流、湖泊等水体组成的水网系统，称作水系。中国大陆地域宽广，气候和地形差异大，境内河流主要流向太平洋，其次为印度洋，少量流入北冰洋。中国境内“七大水系”均为河流构成，为“江河水系”，属太平洋水系，从北到南依次是：松花江水系、辽河水系、海河水系、黄河水系、淮河水系、长江水系、珠江水系。

水利工程

为了合理开发、利用和保护水资源，实现水资源在时间与空间尺度的重新分配，做到蓄洪补枯、以丰补缺，防御水旱灾害，发展灌溉、发电、供水、航运等，需要因地制宜修建必要的蓄水、引水、提水和跨流域调水工程。对自然界的地表水和地下水进行控制和调配，以达到除害兴利目的而兴建的各项工程，统称为水利工程。

开发、利用、保护河川水资源，需要在河流适当位置修建不同类型与功能的水工建筑物，如挡水建筑物、泄水建筑物、输水建筑物、引水建筑物、整治建筑物和专门建筑物等。它们既能各自发挥作用又能相互协调，这种由多种水工建筑物组成的综合体被称为水利枢纽。

其中，挡水建筑物用以拦截江河水流，形成水库或壅高水位，如各种大坝和水闸；还可以抵御洪水或挡潮，如沿江河海岸修建的堤防、海堤等。

在工程实际运行中，用以排放水、泥沙、冰凌等的建筑物被称作泄水建筑物。典型的泄水建筑物包括溢洪道、隧洞和涵洞，其中隧洞和涵洞还能作为输水建筑物。

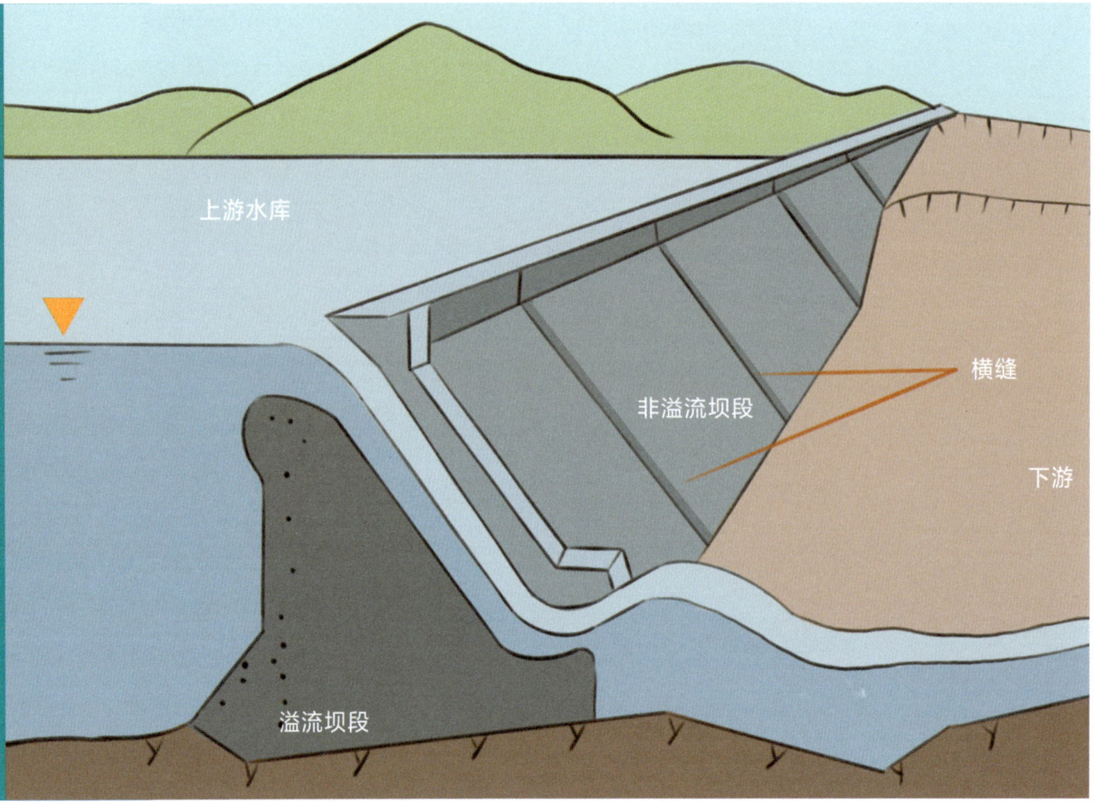

大坝示意图

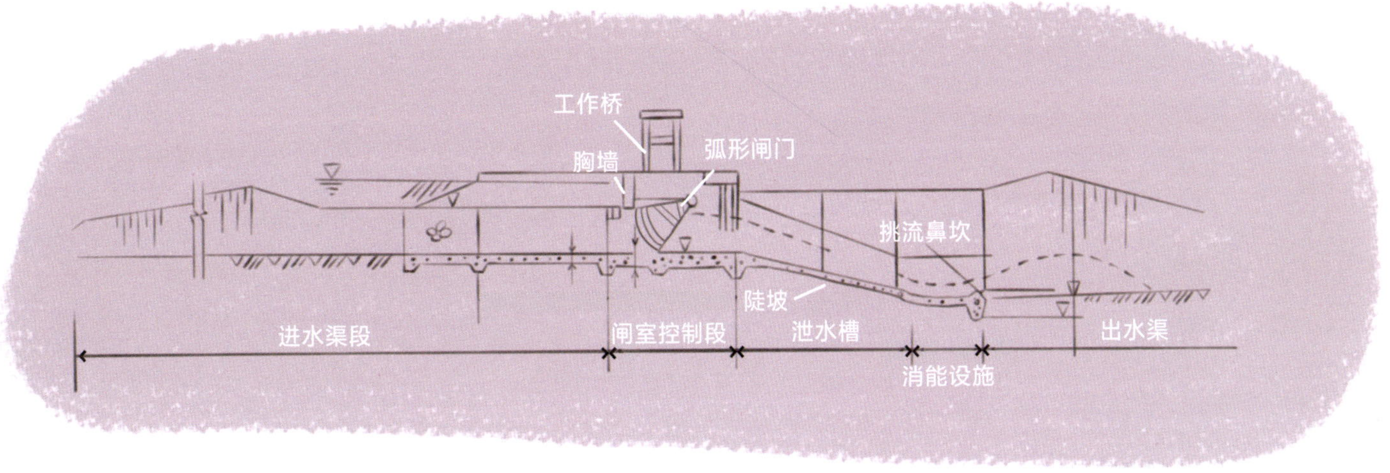

溢洪道示意图

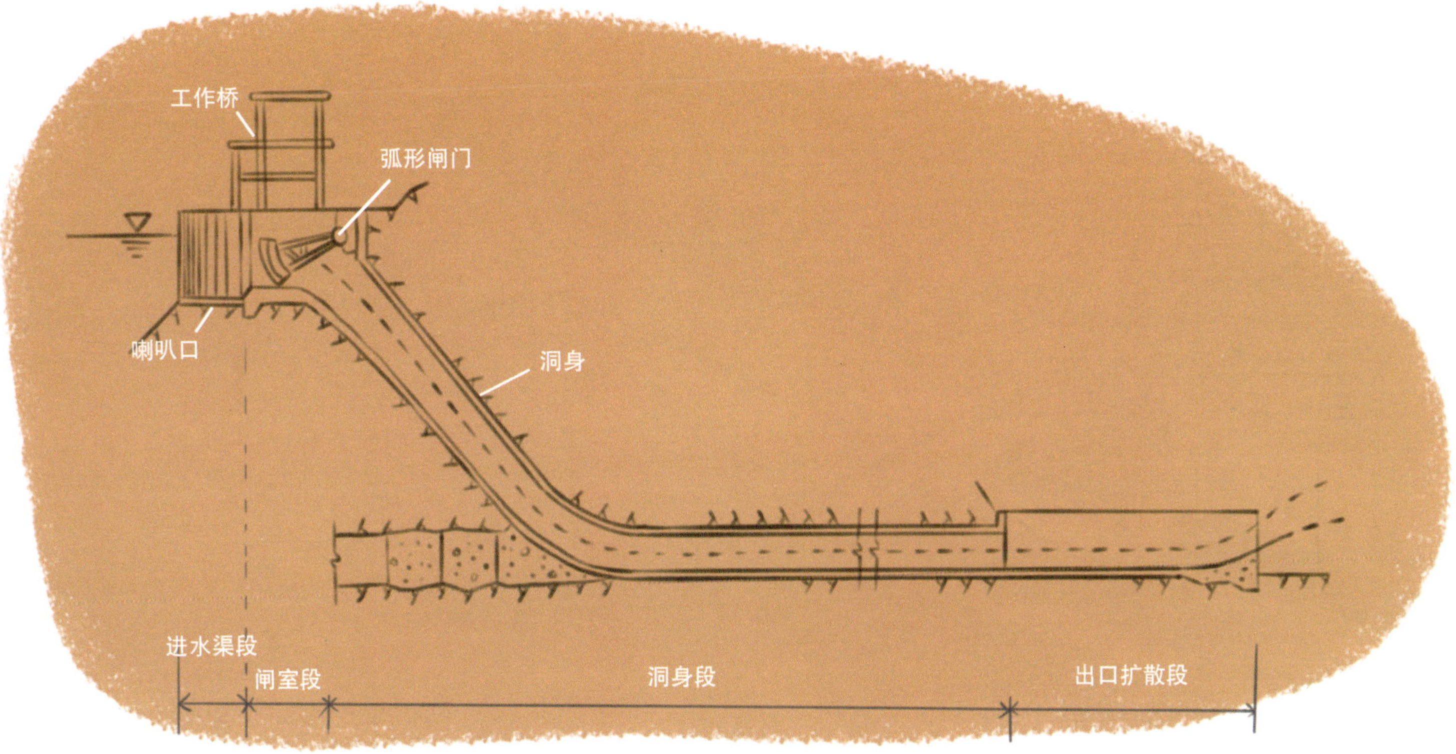

水工隧洞示意图

上游
左厂房坝段
泄洪坝段
右厂房坝段
非流溢坝
发电厂房

以国之重器——长江三峡水利枢纽工程为例，它是当今世界上最大的水利枢纽工程。三峡水利枢纽由挡水建筑物、泄水建筑物、通航建筑物、电站建筑物等组成，具有防洪、发电、航运等巨大的综合效益。

三峡水利枢纽布置图

大坝与水库

在河道或山谷中修建拦截水流、抬高水位、调蓄水量的挡水建筑物，称为大坝。大坝及其配套建筑物修建完成后，在大坝上游来水方向形成的人工湖泊，称为水库。水库具有防洪、灌溉、供水、发电、航运、生态调节等功能。

大坝
下游

对于大坝和水库，需要了解几个基本概念。

坝高：坝的建基面最低点（不包括局部深槽）至坝顶的高度，称为坝高。

坝型：按照构筑大坝的材料不同，可分为土石坝和混凝土坝；按照坝体结构不同，土石坝可分为均质土坝、心墙坝、斜墙坝、面板坝等，混凝土坝可分为重力坝、拱坝、支墩坝等。

库容：水库就像一个巨大的“蓄水池”，水库库容大小（即蓄水量大小）决定着水库调节径流的能力和它所能发挥的效益。

汛期限制水位（或称防洪限制水位）：汛期洪水来临前不能超过的水位，又称汛限水位。在汛期限制水位以上、防洪高水位以下的水库容积为防洪库容。当水库水位高于防洪高水位时，一般要根据上游来水趋势和下游防洪能力，通过泄水建筑物来控制下泄水量，降低水库水位，确保大坝安全。正常蓄水位是水库在正常运用情况下，为满足设计的兴利要求在供水期开始时应蓄到的水位，又称正常高水位。

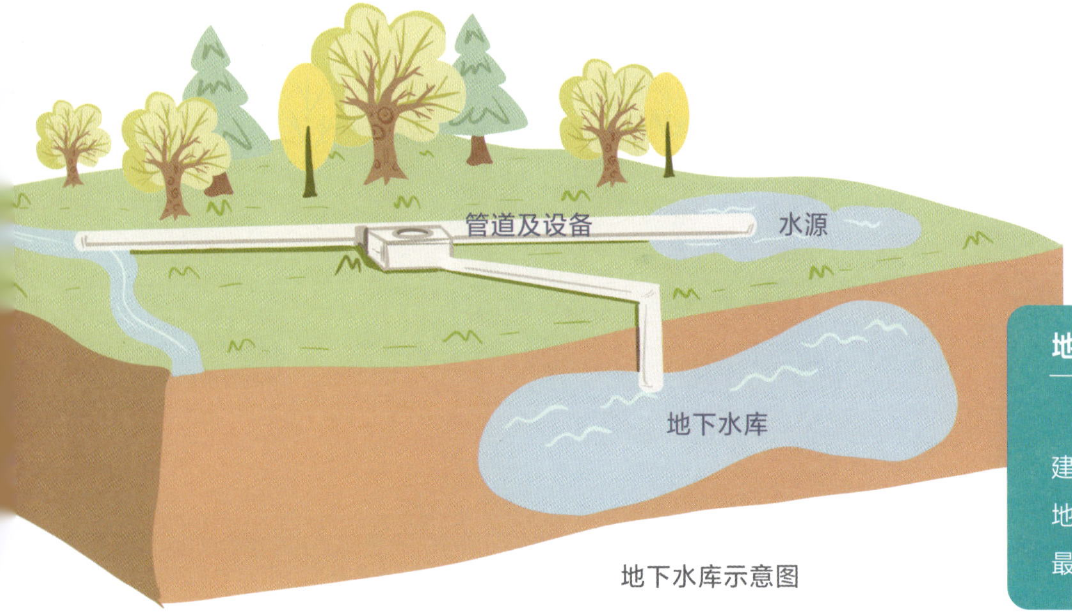

地下水库示意图

小知识

地下水库

水库不仅可以修建在地上，也可以修建在地下，如位于重庆市北碚区的海底沟地下水库，是我国西南地区目前已建成的最大的地下水库。

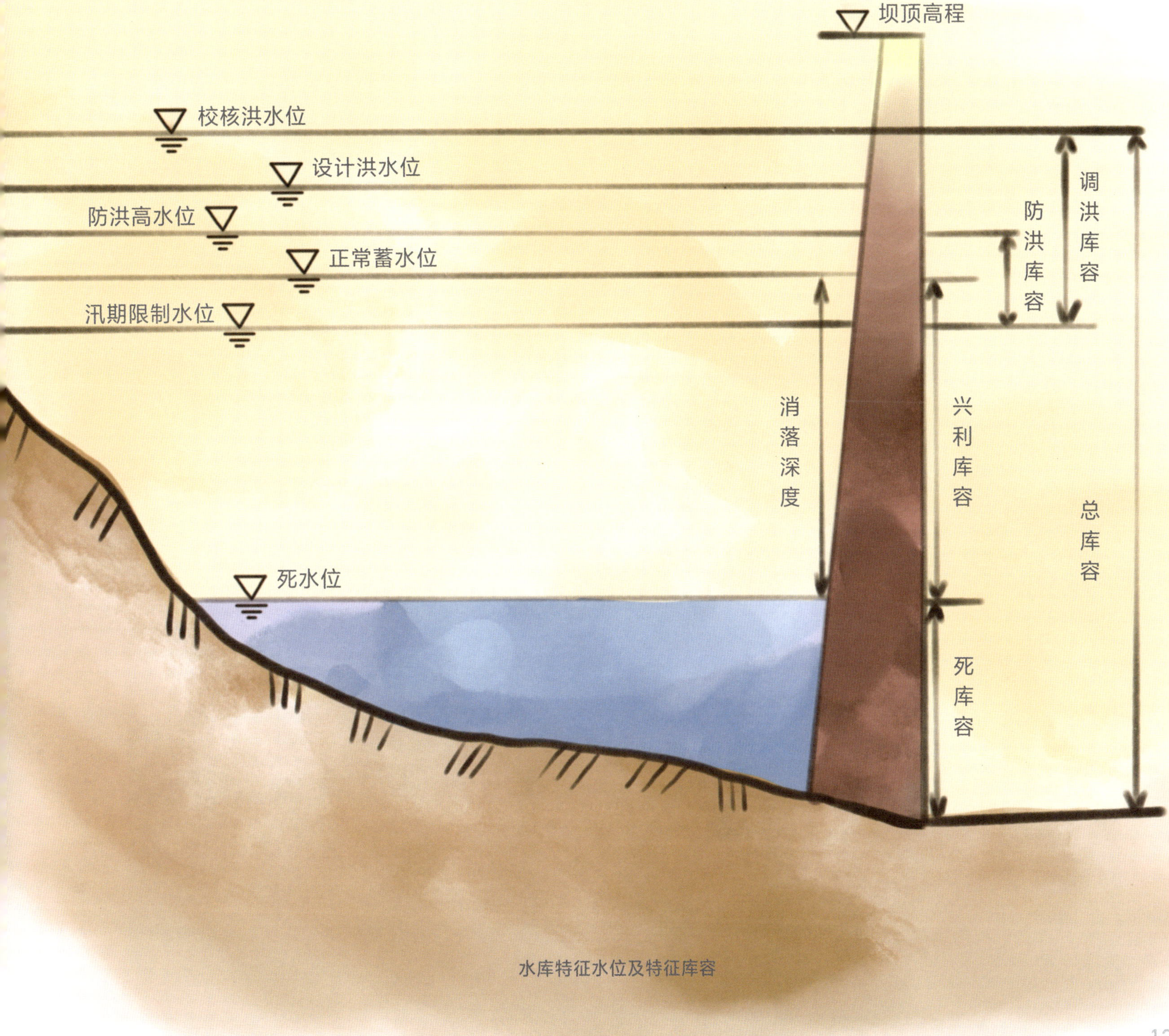

水库特征水位及特征库容

水库特征水位及特征库容

类别		内容
水库特征水位	校核洪水位	水库或其他水工建筑物遇到校核洪水时，在坝前或建筑物前达到的最高水位
	设计洪水位	水库或其他水工建筑物遇到设计洪水时，在坝前或建筑物前达到的最高水位
	防洪高水位	水库或其他水工建筑物遇到下游保护对象的设计洪水时，在坝前或建筑物前达到的最高水位
	正常蓄水位	水库在正常运用情况下，为满足设计的兴利要求在供水期开始时应蓄到的水位。又称正常高水位
	汛期限制水位	水库在洪水来临前不能超过的水位，也是水库在汛期防洪运用时的起调水位。简称汛限水位，又称防洪限制水位
	死水位	水库在正常运用情况下，允许消落到的最低水位
水库特征库容	总库容	校核洪水位以下的水库容积
	防洪库容	防洪高水位至防洪限制水位之间的水库容积
	调洪库容	校核洪水位至防洪限制水位之间的水库容积
	兴利库容	正常蓄水位至死水位之间的水库容积
	重叠库容	正常蓄水位至防洪限制水位之间的水库容积。这部分库容汛期腾空作为防洪库容或调洪库容的一部分；汛后充蓄作为兴利库容的一部分，兼有防洪兴利的双重作用
	死库容	死水位以下的水库容积

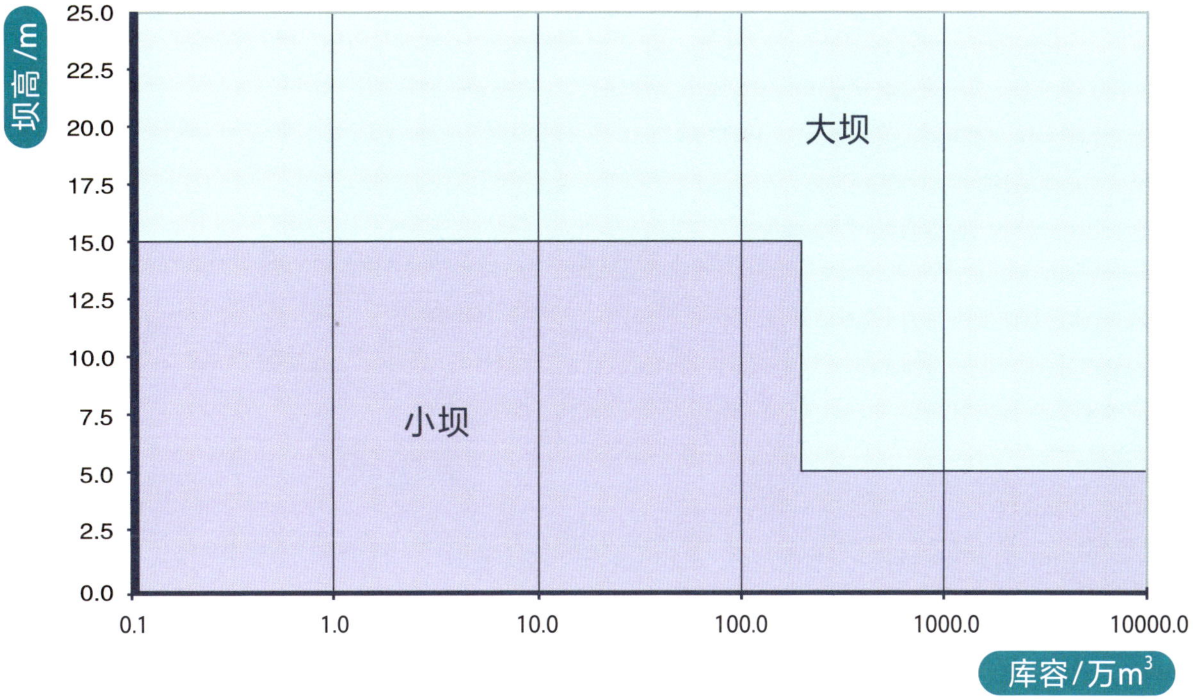

国际大坝委员会的大坝认定标准示意图

中国按水库库容（V）来划分水库大坝，分为大型水库（$V \geq 1$ 亿 m^3）、中型水库（1000 万 $m^3 \leq V < 1$ 亿 m^3）、小型水库（10 万 $m^3 \leq V < 1000$ 万 m^3）。

国际坝工界主要依据坝高（H）将坝分为大坝（Large Dam）和小坝（Small Dam）。根据国际大坝委员会（International Commission on Large Dams，ICOLD）公告，$H > 15\,m$，或 $H = 5 \sim 15\,m$、但 $V > 300$ 万 m^3 的坝称为大坝。

小知识

国际大坝委员会

国际大坝委员会是国际非政府间的学术组织，于 1928 年在法国巴黎成立，截至 2022 年底，拥有来自 106 个国家的国家委员会，其中中国大坝委员会成立于 1973 年。

第2章

大坝的历史

人类文明与水息息相关，世界上著名的文明都发源于大河流域。通过修渠建坝控制洪水和利用水资源是人类文明史的重要组成部分，建设水库大坝是当今社会解决水资源问题的重要途径。

世界大坝发展史

早在新石器时代，为了防洪和灌溉农田，人类便开始修建大坝。进入工业时代，特别是进入电气时代以来，水库大坝被赋予了新的使命——水力发电。20 世纪初，建设水库大坝成了经济发展和社会进步的象征。到 21 世纪初，世界上有 24 个国家超过 90% 的电力来自水力发电，有 1/3 的国家水电比重超过 50%；有 75 个国家主要依靠大坝来控制洪水；全球有近 40% 的农田是依靠水库提供灌溉用水。

人类筑坝历史近 5000 年，根据坝工技术历史发展进程，大坝发展史可分为以下三个阶段：古代坝（19 世纪中期以前）、近代坝（19 世纪中期至 20 世纪初期）和现代坝（20 世纪以后）。

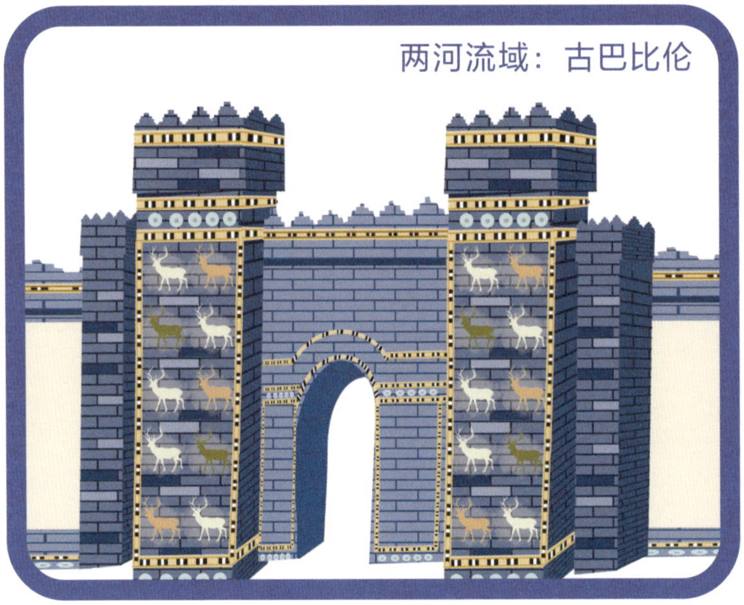

世界大坝发展历程及代表性大坝

阶段	名称	所属国家	基本情况	建成时间
古代坝（19 世纪中期以前）	良渚古城水利系统	中国	良渚先人们垒成了一座座高坝、低坝和长堤，与丘陵山体围合形成了规模宏大的良渚古城外围水利系统	公元前
	加瓦坝	约旦	《吉尼斯世界纪录大全》将其列为世界最古老的坝	
	卡拉法坝	古埃及王国	为加拉维干河下游的防洪，以及保护干河河口附近的农业与新开拓的居民区而建，但在修建时，坝就被冲毁	
	汉谟拉比渠	古巴比伦王国	古巴比伦国王汉谟拉比时期建造的著名水利工程，同时，《汉谟拉比法典》针对水利工程维护者设有一定的条款	
	霍姆斯坝	叙利亚	坝高 6m、坝长 2000m，该坝至今仍在发挥效益，有 3300 年左右的历史	
	马里卜坝	也门	也门历史上规模最大、存在时间最长的大坝	
	芍陂	中国	始建于春秋楚庄王时期，为楚相孙叔敖主持修建，是中国历史上著名的大型灌溉工程，至今仍发挥着显著的灌溉效益	
	莫迪塔拉夫坝	印度	坝高 24 m、坝长 157 m、坝顶宽 27 m，上、下游坡均较陡	11 世纪
	蒂比坝	西班牙	大坝为拱形重力坝，于 1579 年建成，最大坝高 42.7m，是当时世界最高的坝，这一记录保持了两个世纪之久	1579 年
	高桥坝	意大利	由于水库淤积严重，建成后曾陆续加高过 7 次，其加高次数在坝的加高历史上是创纪录的	1613 年
	格罗斯博伊斯坝	法国	坝工工程师首次意识到坝的工作状态是弹性的，这为近代坝的理论计算提供了依据	1838 年
	老巴豆坝	美国	由于西班牙基督教传教士在美国圣地亚哥和洛杉矶传播过筑坝技术，为了纽约城的供水，美国在 1837—1842 年于巴豆河建造了老巴豆坝	1842 年
近代坝（19世纪中期至20世纪初期）	左拉坝	法国	世界上第一座运用理论进行设计的拱坝	1854 年
	富伦斯坝	法国	世界第一座近代重力坝，在设计中要解决的主要是坝型、极限应力值、坝断面形状与坝轴线确定等4个方面的问题	1866 年
	哈密兹坝	阿尔及利亚	位于哈密兹河，坝体按“等抗力”理论设计	1885 年
	凡威坝	英国	世界第一座在设计中考虑了坝体扬压力的大坝，同时也是世界上第一座按照下泄水流形状设计溢流坝面曲线的溢流坝	1891 年
	布哈特古尔坝	印度	位于叶鲁安德河，用于灌溉，重力坝，最大坝高 39.6 m、坝长 1240 m	1891 年
现代坝（20世纪以后）	阿斯旺坝	埃及	埃及在 1898—1903 年建造了一座著称于世的近代坝——阿斯旺坝，该坝位于尼罗河上，距地中海约 1120 km，用于灌溉	1903 年
	胡佛大坝	美国	1931年开工、1936年建成，为混凝土重力拱坝，坝高221.4m，坝顶长379m，对现代混凝土坝设计和施工技术的形成与发展具有划时代影响	1935 年
	丰满大坝	中国	始建于 1937 年，当时乃亚洲第一高坝，最大坝高 91.7m。1942 年大坝蓄水，1943 年 3 月 25 日首台机组投产发电，2012 年重建	1937 年
	阿斯旺高坝	埃及	修建后保证了农业区不受尼罗河水位过高或过低的影响	1960 年
	大迪克桑斯坝	瑞士	混凝土重力坝，最大坝高 285m，坝顶长 695m	1962 年
	伊泰普水电站	巴西 / 巴拉圭	是当今世界装机容量第三大的水电站，仅次于我国三峡水电站和白鹤滩水电站	1983 年
	小浪底水利枢纽	中国	中国最高的斜心墙堆石坝，最大坝高160m，坝顶长1667m。建成后使黄河下游的防洪标准得以提升至 1000 年一遇	2001 年
	三峡水利枢纽	中国	世界上规模最大的水电站，总装机容量2250万kW，也是中国有史以来建设的最大的水利水电工程，最大坝高185m，坝顶长2309.5m，总库容393亿m^3	2006 年
	白鹤滩水电站	中国	是仅次于三峡水电站的中国第二大水电站，总装机容量1600万kW，最大坝高289m，总库容206亿m^3	2022 年
	双江口水电站	中国	砾质土心墙堆石坝，最大坝高 315m，是目前世界最高的大坝之一	2015 年开工建设，预计 2024 年前后投入使用
	如美水电站	中国	砾质土心墙堆石坝，最大坝高 315m	预计 2032 年前后投入使用

19 世纪中期以前的大坝

这个时期的大坝主要凭经验建造。

公元前
良渚古城水利系统（中国）

公元前
加瓦坝（约旦）

公元前
卡拉法坝（古埃及王国）

公元前
汉谟拉比渠（古巴比伦王国）

公元前
霍姆斯坝（叙利亚）

公元前
马里卜坝（也门）

公元前
芍陂（中国）

11 世纪
莫迪塔拉夫坝（印度）

1597 年
蒂比坝（西班牙）

1613 年
高桥坝（意大利）

1838 年
格罗斯博伊斯坝（法

1842 年
老巴豆坝(美

（近代坝）

19 世纪中期至 20 世纪初期的大坝

重力坝和拱坝设计开始有了理论做指导，与古代坝相比，坝体高度不断提升，结构断面更为经济合理。

（现代坝）

20 世纪以后的大坝

大坝设计理论日臻完善，计算技术、试验技术、施工技术迅猛发展，大坝质量和安全性更好，混凝土坝和土石坝高度均突破 300 m。

1854 年
左拉坝（法国）

1866 年
富伦斯坝（法国）

1885 年
哈密兹坝（阿尔及利亚）

1891 年
布哈特古尔坝（印度）

1891 年
凡威坝（英国）

1903 年
阿斯旺坝（埃及）

1935 年
胡佛大坝（美国）

1937 年
丰满大坝（中国）

1960 年
阿斯旺高坝（埃及）

1962 年
大迪克桑斯坝（瑞士）

1983 年
伊泰普大坝(巴西/巴拉圭）

2001 年
小浪底水利枢纽（中国）

2006 年
三峡水利枢纽（中国）

2022 年
白鹤滩水电站（中国）

预计 2024 年
双江口水电站（中国）

预计 2032 年
如美水电站（中国）

古代坝（19 世纪中期以前）

古代坝大多是凭经验建造的，无论是重力坝、拱坝还是土石坝，都是如此。在整个建坝历史中，古代坝历时最长，正是在这些工程建造过程中，人类积累了丰富的建坝经验，为近代坝的建设技术奠定了基础。

中国修建大坝的历史非常悠久，是世界上重要的古代坝建造国家之一。中国的古代坝是中国河流文明的重要组成部分，其历史与中华民族的文明史一样绵长，不少古代坝至今还在发挥重要作用。

1. 良渚古城水利系统（中国）

距今约 5000 年，钱塘江流域良渚古城外围修建了大型多功能水利系统，是古城规划的重要组成部分。初步估算，整个水利系统形成面积约 13 km^2 的水库，库容超过 6000 万 m^3，是中国迄今发现的最早的大型水利工程遗址，也是目前已发现的世界上最早的水利系统之一。

2. 加瓦坝（约旦）

加瓦坝是由耶路撒冷的不列颠考古学院于 1974 年发现的。公元前 3200 年左右，在约旦的加瓦地区曾建造过一些用于供水的块石护坡坝，被《吉尼斯世界纪录大全》列为世界最古老的坝。

良渚古城水利系统分布

埃及卡拉法坝遗址

马里卜坝遗址

3. 埃及卡拉法坝（古埃及王国）

埃及卡拉法坝建于公元前 2700—前 2600 年之间，位于加拉维干河上，主要目的是防洪，以保护干河河口附近的农业区与新开拓的居民区。在修建过程中，坝就被冲毁了。

4. 汉谟拉比渠（古巴比伦王国）

古巴比伦王国国王汉谟拉比在位期间，非常重视修建神庙、防御城墙和灌溉水渠。修建于幼发拉底河上的汉谟拉比渠，是其中最著名的水利工程。

举世闻名的《汉谟拉比法典》中，针对水利工程维护者设有一定的条款，如第五十三条，“倘自由民怠于巩固其田之堤堰，因此堤堰破裂，水淹（公社之）耕地，则堤堰发生破裂的自由民应赔偿其所毁损之谷物。”

5. 马里卜坝（也门）

始建于公元前 7 世纪中期的马里卜坝，也被称为萨德拉尔姆坝，是也门历史上规模最大、存在时间最长（历时 1000 多年）的大坝。大坝兼有蓄洪和灌溉效用，既有效控制了洪水的泛滥，还使大片地区成为沃土，对当地农业发展发挥了积极作用。

马里卜坝在也门国内历史地位极高，也门中央银行发行的 10 里亚尔货币上就印有马里卜坝的图案。

6. 蒂比坝（西班牙）

西班牙砌石坝技术为 19 世纪中叶近代坝的诞生奠定了基础。

西班牙最早的坝是由古罗马人于公元 1 世纪建造的科纳波土坝，高 24 m、长 200 m，用于灌溉，且使用至今。但西班牙最具代表性的大坝为蒂比坝，大坝为拱形重力坝，于 1579 年建成，最大坝高 42.7 m，是当时世界最高的坝，这一纪录保持了两个世纪之久。

7. 高桥坝（意大利）

高桥坝是意大利的第一座拱坝，位于阿迪基河的支流费尔西纳河上。修建于 1611—1613 年的这座干砌条石拱坝，高 4.9 m、厚 2 m，拱弧半径 14 m。建成后，由于水库淤积严重，曾陆续加高过 7 次，其加高次数在坝的加高历史上是创纪录的。

8. 格罗斯博伊斯坝（法国）

法国最具代表性的大坝为 1838 年建成的格罗斯博伊斯坝，该坝地基为泥质岩，建坝前未经过认真处理。开始蓄水后，发现坝体向下游变形达几厘米，但当水库放空后，变形又恢复了。这一事实使工程师首次意识到坝的工作状态是有弹性的，为近代坝的理论计算提供了依据。

西班牙蒂比坝现状

意大利高桥坝现状

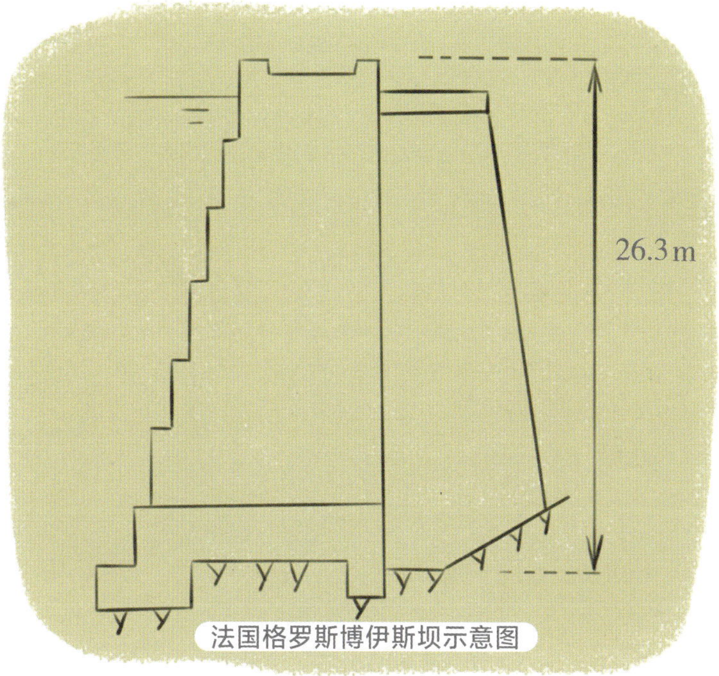

法国格罗斯博伊斯坝示意图

近代坝（19 世纪中期至 20 世纪初期）

近代坝在重力坝与拱坝的设计上开始有了理论指导。这一时期，坝的设计理论与几千年的筑坝经验相结合，使得坝工技术在 19 世纪中期取得了长足发展，主要体现在悬臂梁理论、关于扬压力计算的“利维准则”等应用于重力坝和拱坝的设计，坝体结构断面更为合理经济。

1. 左拉坝（法国）

法国是世界上最先研究并建造近代坝的国家。 左拉坝是世界上第一座用理论进行设计的拱坝，建坝的目的是使下游重要城市免受洪水威胁。

2. 富伦斯坝（法国）

坝高 56 m 的富伦斯坝是世界上第一座近代重力坝，在设计中解决了坝型、极限应力值、坝断面形状和坝轴线确定等四个方面的问题。

3. 凡威坝（英国）

1882—1891 年建造的英国凡威坝，采用了在坝内设置碎石排水管系统以降低坝体扬压力，这是当时比较先进的降低坝身扬压力的措施。

该坝坝高 41.5 m、坝长 411.5 m，用于利物浦城市供水，是世界第一座在设计中考虑了坝体扬压力的大坝，同时也是世界上第一座按照下泄水流形状设计溢流坝面曲线的溢流坝。

法国左拉坝现状

现代坝（20 世纪以后）

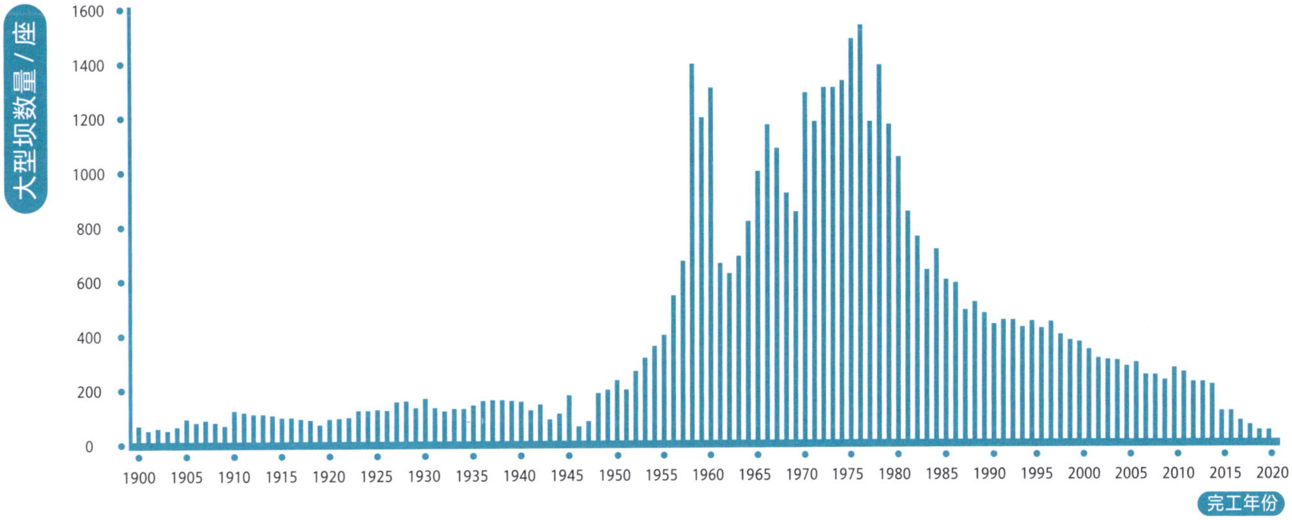

1900 年以来全球大型坝建设数量统计

进入 20 世纪，重力坝与拱坝设计理论进一步发展完善，特别是 1915 年计算土质边坡稳定性的“瑞典圆弧滑动法”和 1925 年太沙基“有效应力原理”的提出，使土石坝设计水平大幅提升，加上计算技术、试验技术、施工技术的迅猛发展，大坝建设进入高峰期，有力地促进了经济社会发展。

1. 胡佛大坝（美国）

到 20 世纪，建坝高峰逐渐从欧洲转移到美国。1900—1973 年，美国大坝总数从 148 座增加到 4918 座。

胡佛大坝为混凝土重力拱坝，最大坝高 221.4 m，是美国综合开发科罗拉多河水资源的一项关键性工程，位于内达华州和亚利桑那州交界处，具有防洪、灌溉、发电、航运、供水等综合效益。胡佛大坝对现代混凝土坝设计和施工技术的形成与发展有划时代的影响。

2. 丰满大坝（中国）

中国在古代坝建造方面有着辉煌的历史，但在 19 世纪中叶以后，中国建坝技术进展缓慢，直到 20 世纪初，才开始使用近现代坝工理论进行大坝建设，但建设的坝高也十分有限。1900—1949 年，中国建成高于 30 m 的大坝只有 21 座，总库容约 280 亿 m^3。始建于 1937 年的丰满大坝为混凝土重力坝，最大坝高 91.7 m，当时为亚洲第一高坝，1942 年大坝蓄水并投入使用。进入 21 世纪，由于大坝老化严重，在丰满大坝原坝址下游 120 m 处新建丰满大坝，新坝于 2014 年 7 月开工，旧坝于 2018 年 12 月开始实施爆破拆除，2019 年 5 月破除成功，运行了 80 年之久的丰满水电站老坝结束了它的历史使命，同时，新坝开始蓄水投入运行。

胡佛大坝

3. 大迪克桑斯坝（瑞士）

瑞士大迪克桑斯坝是世界上最高的混凝土重力坝，位于瑞士罗讷河支流迪克桑斯河上，控制流域面积为 357 km^2，水库总库容为 4 亿 m^3，最大坝高为 285 m，坝顶长 695 m。工程于 1953 年开工，1962 年建成，电站总装机容量为 200 万 kW。

4. 伊泰普水电站（巴西 / 巴拉圭）

伊泰普水电站位于巴拉那河（世界第五大河，年径流量为 7250 亿 m^3）经巴西与巴拉圭两国边境的河段，由巴西与巴拉圭共建，为混凝土重力坝，最大坝高 196 m。1991 年 5 月建成，电站总装机容量为 1400 万 kW，年发电量为 900 亿 kW·h，装机容量仅次于我国三峡水电站和白鹤滩水电站。

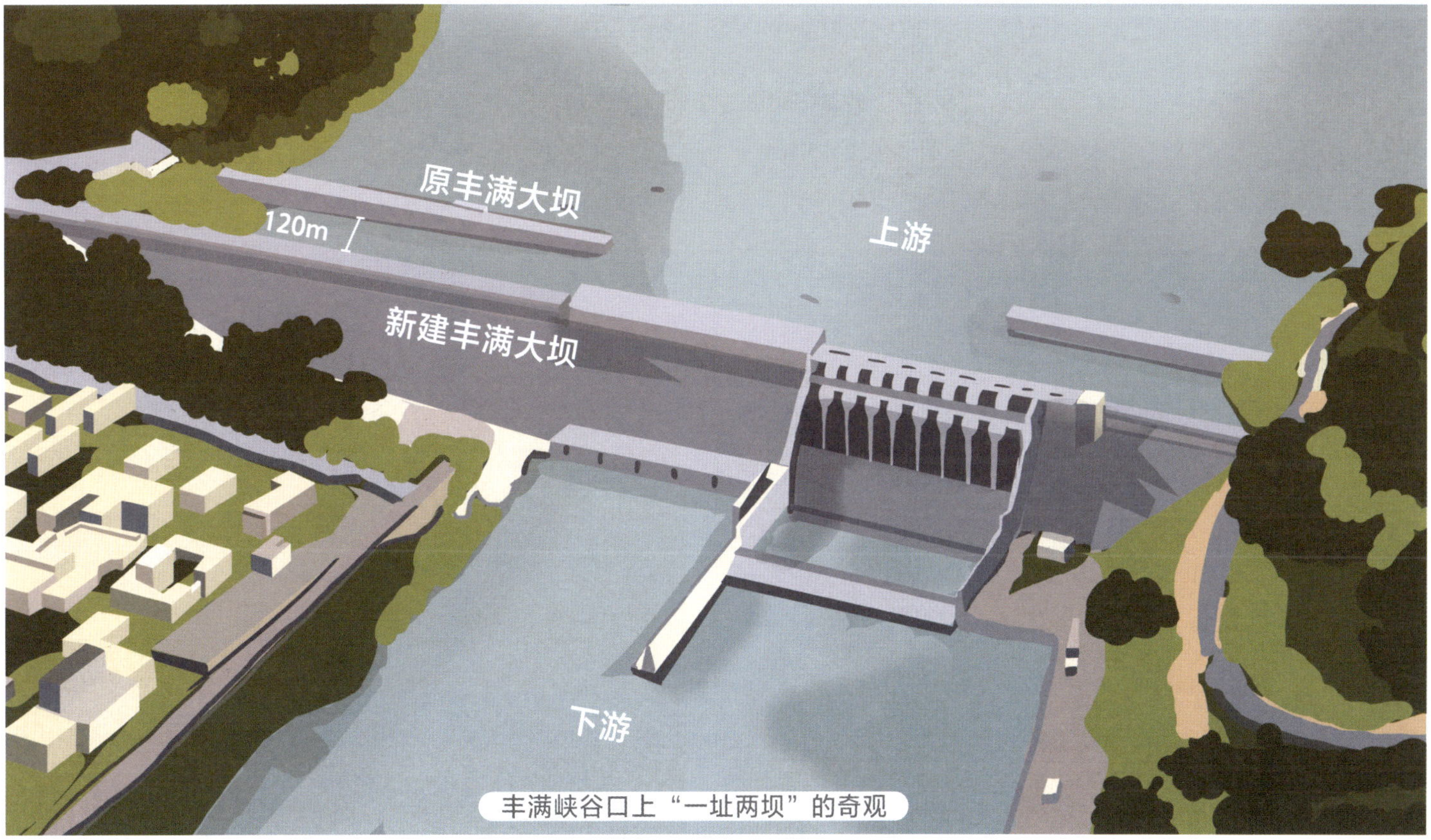

丰满峡谷口上“一址两坝”的奇观

大迪克桑斯坝

伊泰普水电站

1949 年以来的中国大坝发展史

1949 — 1978 年

这一时期，中国是国际上修建水库大坝最多的国家，30 m 以上的大坝由 21 座增加到 3651 座，总库容增加到约 2989 亿 m^3，总装机容量增加到 1867 万 kW，大坝建设主要目的为防洪、灌溉和发电。受技术、投资等因素制约，当时中国大坝建设虽然取得了巨大成就，但与西方发达国家相比，大坝建设技术总体还较为落后。

1949—1978 年修建的几个国家重点水利项目

1978 — 2000 年

二滩、小浪底等一大批大型水利水电工程的建成，标志着中国水利水电建设实现了质的突破，建设技术由追赶其他国家到不少方面居于国际领先水平。这一阶段工程建设的突出特点是设计质量高、施工速度快、安全性好。

家喻户晓的黄河小浪底水利枢纽坝高达 160 m，是中国最高的斜心墙堆石坝。正是这样一座大坝，让小浪底水库的蓄水量达到 126.5 亿 m^3，超过两个太湖的蓄水量，使得黄河下游的防洪标准提升至 1000 年一遇，近 1 亿人口免于水患。

2000 年以来

21 世纪以来，以三峡工程、南水北调工程投入运行为标志，中国大坝建设进入了自主创新、引领发展的新阶段，先后竣工的小湾、龙滩、锦屏一级等重大水利水电工程，建设技术不断刷新世界纪录。中国建成数量众多的水库大坝，是保障经济社会发展和国家重大战略实施的重要基础设施，同时也是生态文明建设的重要载体，对中国经济发展和人民生活产生了深远影响。

21 世纪的中国更加关注特大型水利水电工程的安全，注重环境保护，在建坝技术上总体居于国际引领地位，同时也积极参与国际水利水电开发建设，把中国先进技术和理念推介给世界。

截至 2021 年底，中国已建成各类水库 97036 座，水库总库容 9853 亿 m^3。其中，大型水库 805 座，总库容 7944 亿 m^3；中型水库 4174 座，总库容 1197 亿 m^3。（数据来源：2021 年全国水利发展统计公报）

黄河小浪底水利枢纽

中国水库大坝特点

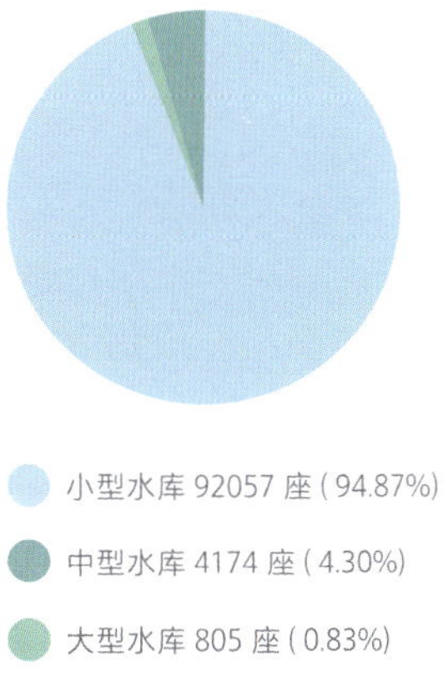

中国水库类型分布统计（2021年）

小知识

中国水库大坝特点

- **总量多。**现有水库大坝 9.7 万余座，是世界上水库大坝最多的国家。
- **小水库多。**现有水库大坝中约 96% 的水库是小型水库。
- **土石坝多。**大坝类型中约 92% 是土石坝。
- **老坝多。**现有水库大坝 80% 建于 20 世纪 50—70 年代。
- **高坝多。**全世界已建成 200 m 以上高坝 77 座，其中中国有 20 座，约占 26%；全世界在建 200 m 以上高坝 22 座，其中中国有 15 座，约占 68%。已建和在建数量均位居第一。

世界大坝现状

按照国际大坝委员会关于大坝的认定标准，截至 2023 年 8 月，全球登记注册大坝数量为 61988 座，其中，中国的大坝数量为 24089 座，占全球总量的 38.86%。造成中国统计数据与国际大坝委员会统计数据差异的原因是，国际大坝委员会与中国对大坝定义不同。

国际大坝委员会通过对全世界已登记注册的大坝用途及数量进行分类统计，发现有显著功能的大坝为 42169 座，其中单功能坝 31167 座，多功能坝 11002 座。

土坝是最古老的坝型，古老的文明遗迹中都有土坝的痕迹，全世界注册大坝中，土坝占所有大坝数量的 67% 左右。

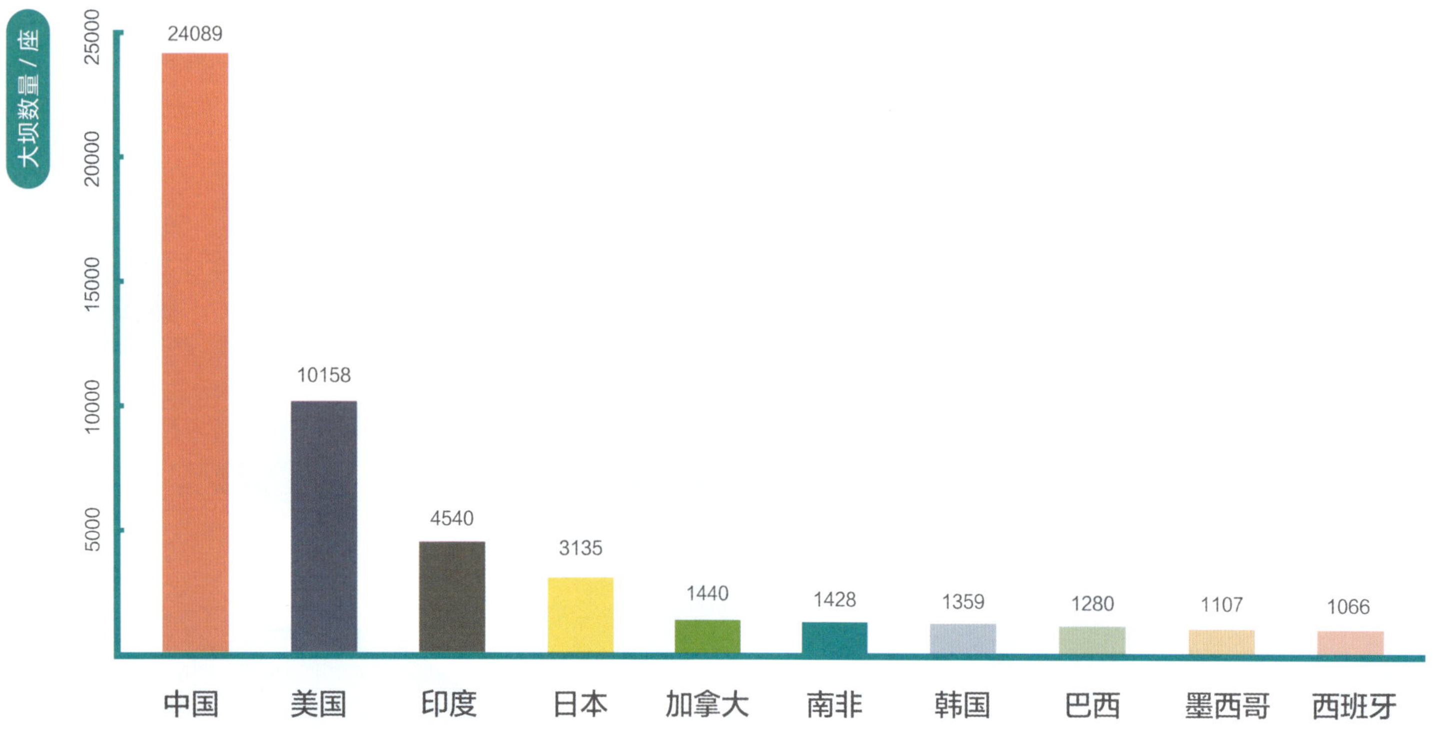

世界上拥有超过 1000 座大坝的国家数据对比（根据国际大坝委员会定义标准）

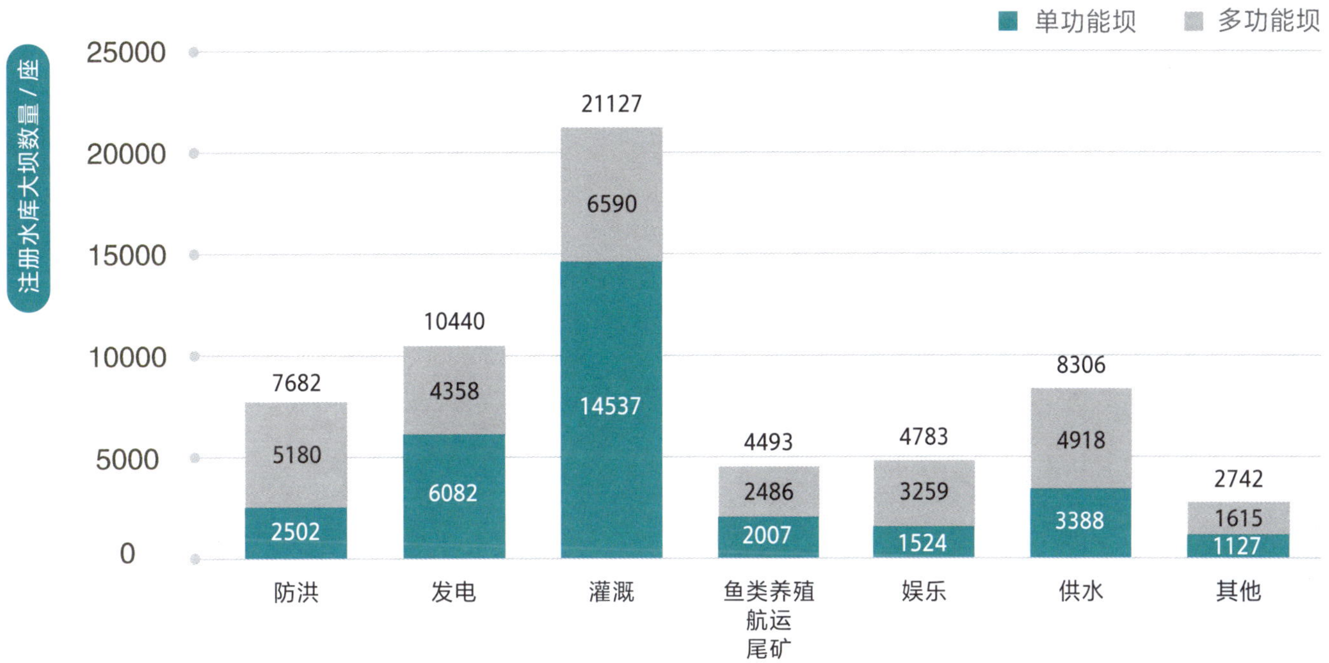

世界注册水库大坝的功能及数量

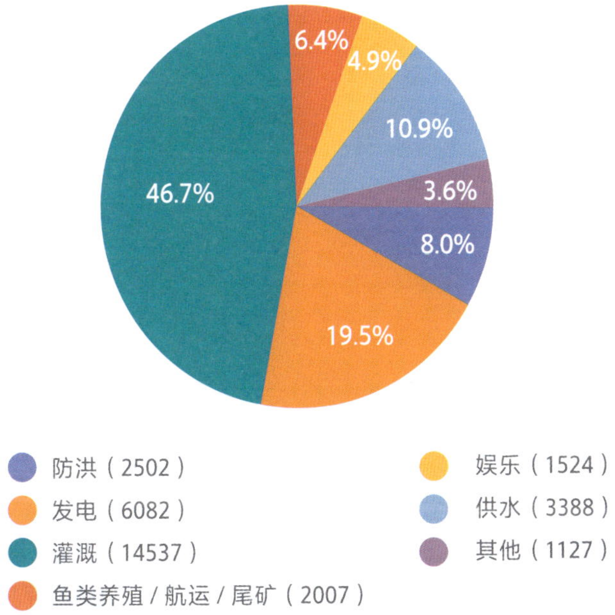

世界注册水库大坝中单功能坝的功能及数量

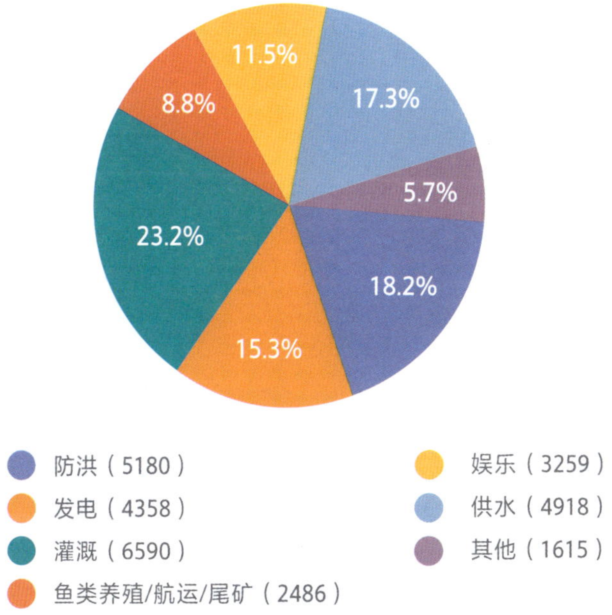

世界注册水库大坝中多功能坝的功能及数量

第3章

大坝的类型

中国大坝数量众多，且由不同部门进行管理。经过多年发展，大坝的类型呈现多样化趋势。根据所属部门不同，大坝主要分为水库大坝（水利部门）和水电站大坝（能源部门），其中，水库大坝占绝大多数，交通、建设、农业等部门也有少量大坝。此外，中国大坝还可按照坝高、坝型、安全等级等进行分类。

按照坝高分类

中国大坝按坝高可分为低坝（30 m 以下）、中坝（30 ～ 70 m）和高坝（70 m 以上），其中坝高超过 200 m 的大坝称为超高坝或特高坝。

按照坝型分类

大坝按照坝型主要可分为土石坝、重力坝、拱坝等。

土石坝

土石坝是历史最悠久的坝型，由土料、石料等经过抛填、碾压等方法建筑而成。现代土石坝断面一般为梯形。

土石坝的主要优点：能就地取材，材料运输成本低；适应地基变形能力强；构造简单，便于机械化施工；维修加固和扩建较容易。

土石坝的主要缺点：坝顶不能漫坝溢流，施工导流不如混凝土坝方便；坝体填筑工程量大；土料填筑质量受气候条件影响较大。

（a）均质土坝

（c）斜墙土坝

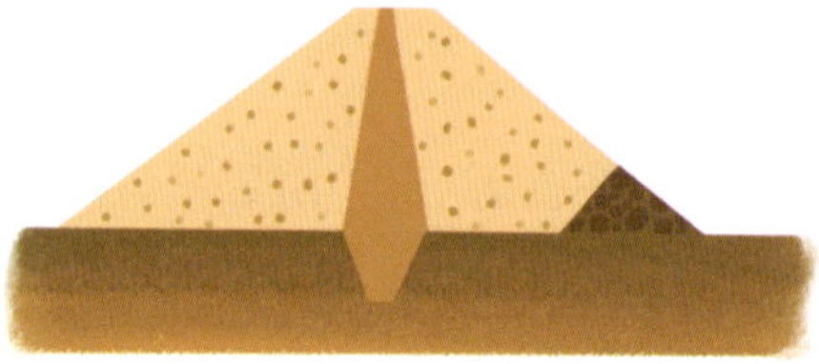

（b）心墙土坝

（d）多种土质坝

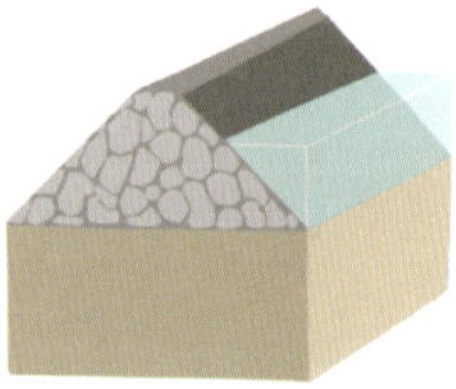

（e）面板堆石坝

（f）斜墙堆石坝

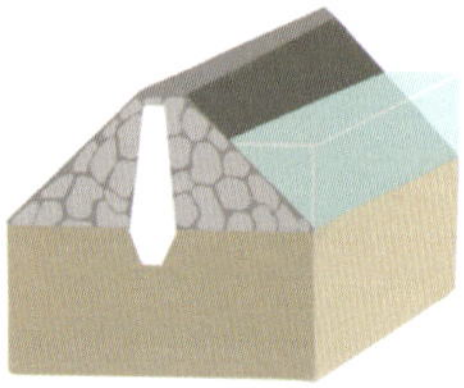

（g）心墙堆石坝

不同类型的土石坝

土石坝根据不同的标准还可进一步细分。

1. 根据填料不同，土石坝还可以分为土坝、堆石坝和土石混合坝。

2. 根据施工方法不同，土石坝分为碾压式土石坝、水力冲填坝、抛填式堆石坝、定向爆破坝、水中倒土坝等，其中应用最为广泛的是碾压式土石坝。

3. 按防渗体材料和相对位置不同，土石坝可分为均质坝、心墙坝、斜墙坝和面板坝等。

重力坝

重力坝主要依靠自身重量抵抗水的作用力等荷载来维持稳定。

重力坝的优点：结构简单，施工较容易；耐久性好，抗冲击能力强，安全可靠；适合在岩基上进行高坝建筑，便于泄水建筑物布置。

重力坝的缺点：重力坝体积大，水泥用量多，材料强度未能充分利用。

重力坝根据不同的标准还可进一步细分。

1. 按结构型式，可分为实体重力坝、宽缝重力坝和空腹重力坝等。

为了充分利用混凝土的抗压强度，将实体重力坝横缝的中下部扩宽成为具有空腔的重力坝，称为宽缝重力坝。坝体内沿坝轴线方向设有较大空腔的重力坝，称为空腹重力坝。

2. 按照筑坝材料可分为混凝土重力坝和浆砌石重力坝。

用浆砌石筑坝在中国有悠久的历史，早在公元前 833 年，浙江省大溪河上就砌筑了长 140 m、高约 27 m 的条石溢流坝——它山堰。1949 年以来，我国修建了很多浆砌石重力坝，其中，最高的是河北省朱庄水库重力坝，坝高 95 m。目前，世界上最高的浆砌石重力坝是印度的那加琼纳格萨坝，坝高 125 m。

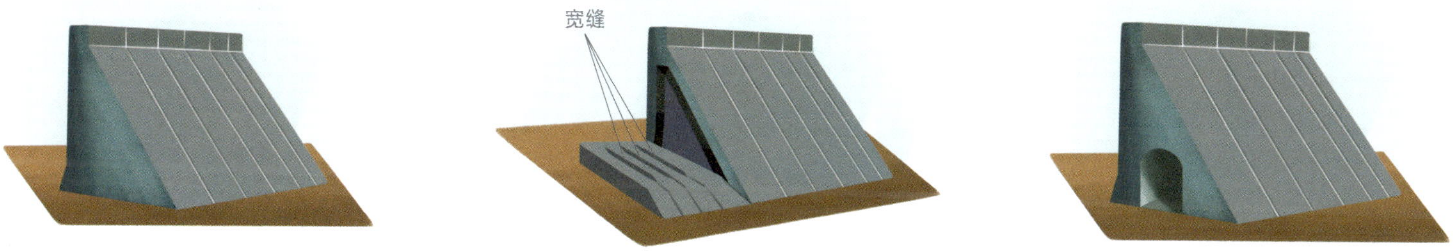

（a）实体重力坝　（b）宽缝重力坝　（c）空腹重力坝

不同类型的重力坝

拱坝

拱坝是指在平面上拱向上游，将上游坝面水压力、风浪压力等主要荷载通过拱的作用传给两岸岩体的坝。古代与近代以砌石拱坝为主，现代则多为混凝土拱坝。

拱坝的优点：能充分利用材料强度，超载能力强，安全度高，抗震性能好。

拱坝的缺点：坝身泄流布置复杂，对地基和两岸岩体要求较高，施工比重力坝难度大。

拱坝依据不同的标准还可进一步细分。

1. 按最大高度处的坝底厚度和坝高的比值，拱坝可分为薄拱坝、中厚拱坝和厚拱坝（即重力拱坝）。

2. 按体型可分为单曲拱坝和双曲拱坝。

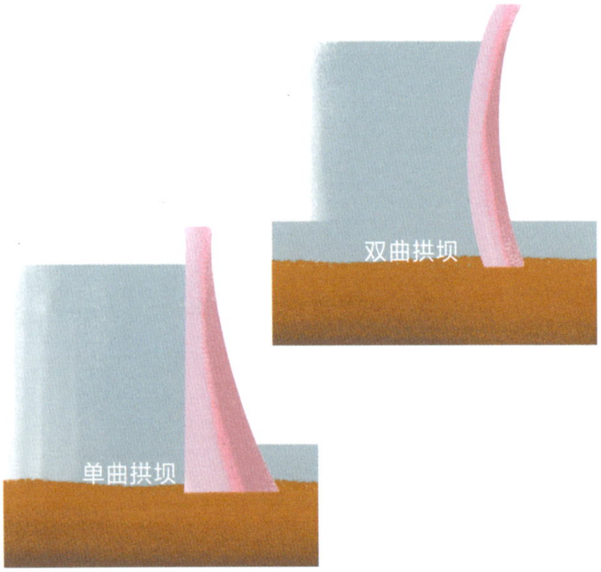

拱坝剖面形态示意图

其他坝型

1. 支墩坝

支墩坝由一系列支墩和支墩支撑的上游挡水盖板组成，一般为混凝土或钢筋混凝土结构。与重力坝相比，支墩坝具有如下特点：混凝土用量少，能充分利用材料强度，坝身可以溢流；缺点是侧向稳定性差。

按照挡水盖板型式，支墩坝可分为平板坝、连拱坝和大头坝。

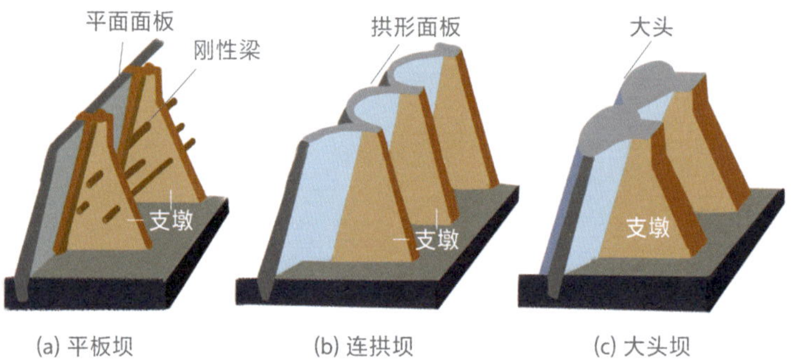

不同类型的支墩坝

2. 橡胶坝

橡胶坝属于活动坝，主要适用于低水头、大跨度的闸坝工程，分为充水式和充气式两种。旱季，往橡胶坝袋内充水或充气成水坝挡水，以满足工农业及生活用水需要；雨季，排掉坝袋内的水或气，不影响河道泄洪。

橡胶坝主要用于灌溉、发电、防洪、美化城市环境等方面。橡胶坝的主要缺点是：由于水头低，调节能力有限；寿命短，易老化；容易受尖利物体破坏。

目前，世界上最长的橡胶坝是山东临沂小埠东拦河橡胶坝，全长 1135 m，最大蓄水量为 2830 万 m^3，在发挥水利工程作用的同时，拦蓄 1.6 万亩景观水面形成沂蒙湖，成为全国著名水利风景区。

橡胶坝

淤地坝

3. 淤地坝

淤地坝是指在水土流失地区各级沟道中，以拦泥淤地为目的而修建的坝工建筑物，其拦泥淤成的地为坝地。淤地坝是中国西北地区黄土高原水土流失严重地区一种重要的水土保持工程措施。

4. 胶结颗粒料坝

胶结颗粒料坝是介于土石坝和混凝土坝之间的一种新坝型，它是由砂、石、水泥、外加剂等材料胶结在一起形成具有一定强度、抗剪能力和抗冲蚀能力的材料构筑而成的大坝。

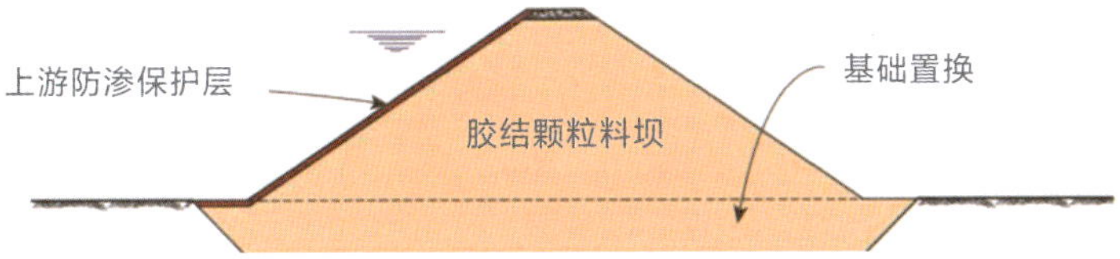

胶结颗粒料坝示意图

小知识

河狸坝

河狸坝是河狸用小树苗、树枝等相互交错地叠置在小河河道中而形成的一种坝，在坝的底部用的是较粗的树枝。河狸主要分布在欧洲、亚洲和美洲大陆北部的广大地区，是世界濒危物种，现今共存有美洲河狸和亚欧河狸两种河狸，均会修筑堤坝。

位于加拿大艾伯塔省北部伍德布法罗国家公园南端的河狸坝是世界上最长的河狸坝，总长 850 m 左右，是胡佛大坝的 2 倍多。

河狸坝与正在筑坝的河狸

河狸坝

按照大坝安全等级分类

中国水库大坝安全等级

我国现行水利水电工程按其规模、效益及在经济社会中的重要性确定等级，然后再对水工建筑物根据其所属工程的等级、作用和重要性等进行分级，这种先定等级再分级的做法，已形成一整套完整的体系，相关配套技术标准齐全，可操作性好。水利水电工程的等级是确定水工建筑物级别和设计洪水标准的依据与基础，反映了工程防洪安全和结构安全要求；大坝等水工建筑物级别则反映了对建筑物的技术要求和安全要求。这种分等分级方法一定程度上考虑了下游防洪与供水对象重要性、坝高等风险因素。中国按水库大坝工程安全状况分为一类坝（正常坝）、二类坝（病坝）和三类坝（险坝）。

中国水库大坝安全等级

欧美国家大坝安全等级

国际上大多基于风险理念，采用按溃坝后果对大坝安全等级进行分类，并据此确定大坝安全标准。

1. 加拿大

根据溃坝后果严重程度，将大坝分为后果极严重、严重、低和极低四类，再根据溃坝后果严重程度确定地震与洪水设计标准、安全复核周期及运行管理要求。

2. 瑞士

瑞士《水库安全条例》综合坝高与库容，规定坝高超过 25 m 或库容超过 50 万 m^3 的大坝，以及坝高超过 10 m 且库容超过 10 万 m^3 或坝高超过 15 m 且库容超过 5 万 m^3 的大坝，确定为重要和规模较大的大坝，由瑞士联邦能源署监管，其他小型坝由州政府大坝安全管理机构监管并接受联邦能源署监督。

3. 美国

美国根据大坝发生事故可能造成的灾害程度进行安全等级划分，分别为高风险、显著风险和低风险三个等级。高风险坝是指大坝失事或调度失误有可能造成生命损失的大坝；显著风险坝是指大坝失事或调度失误不会造成生命损失，但会造成经济损失、环境破坏、生命线设施中断等后果的大坝；低风险坝是指大坝失事或调度失误不会造成生命损失，只会造成少量经济损失和（或）环境破坏的大坝。

加拿大按溃坝后果确定的大坝检查与安全复核频次

项目	溃坝后果			
	极严重	严重	低	极低
现场巡查	每周 1 次	每周 1 次	每月 1 次	每季度 1 次
正式检查	每半年到一年 1 次	每年 1 次	每年 1 次	每年 1 次
仪器监测	（参照运行、维护与监测手册）			无
泄水设施、溢洪闸门及其他机械装置检测	每年 1 次	每年 1 次	每年 1 次	每年 1 次
应急预案	每半年更新 1 次通信簿	每半年更新 1 次通信簿	每年更新 1 次通信簿	无
运行、维护与监测手册	每 7 ~ 10 年审查 1 次	每 10 年审查 1 次	每 10 年审查 1 次	每 10 年审查 1 次
大坝安全复核	每 5 年 1 次	每 7 年 1 次	每 10 年 1 次	每 10 年 1 次

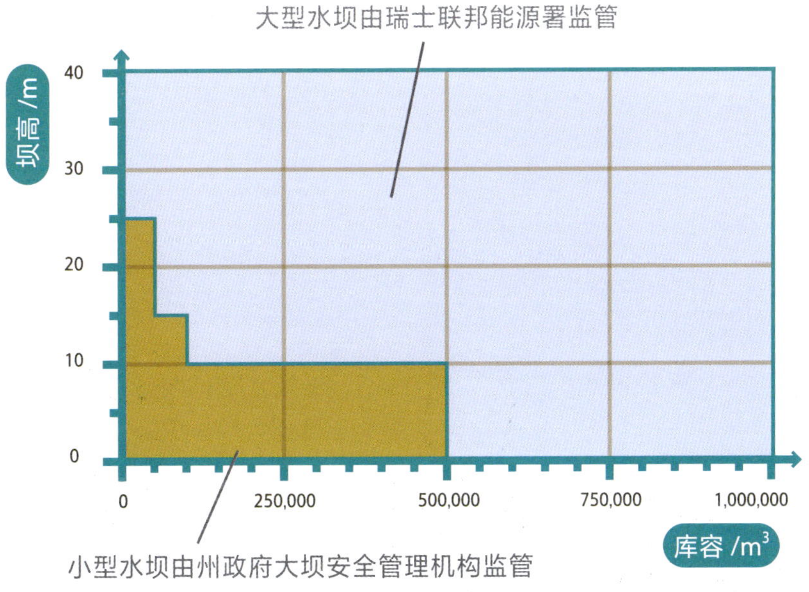

瑞士大坝安全监管权限划分标准

美国的大坝等级分类体系

类别	潜在风险等级分类		
	低风险	显著风险	高风险
生命直接损失	预计无人（附近没有可供人类居住的永久性建筑）	不确定有人（几乎没有住宅和仅短暂居住，或没有产业开发的农村地区）	确定有人（一个或多个片区住宅，商业或产业开发）
生命线损失	不中断服务	基本的设施和通道中断	关键的设施和通道中断
财产损失	私人农地、设备和孤立的建筑物	主要的公共和私有设施	大量的公共和私有设施
环境损失	最低程度的渐进破坏	需要重大补救措施	巨大的补救成本或无法补救

小漫画

大坝访谈

非常荣幸请到三位大坝界的代表来到我们的访谈节目。据说你们的历史都很悠久……
询问年龄可是一件很不礼貌的事情哦！不过，要论历史悠久，恐怕没人能跟我们家族比了，四五千年弹指一挥间呀！
是，是，是，虽然我俩年龄也不小了，但是跟土石坝家族确实没法比。
点头
点头
主持人
土石坝
重力坝
拱坝
1

非常感谢大家对我们人类所做出的贡献！据说抵御洪水是大坝很重要的功能，请问你们都是怎么防洪的呢？
我们坝体附近有专门的溢洪道。
我就没那么麻烦了，坝体上就可以设置泄洪孔。
嗯，我的坝体也可以泄洪……
2

我听说重力坝体型都比较大，比较耗材料……
可是我们强壮呀，多安全！
哼！扬压力确实烦人，不过我们重力坝家族有的是办法。扬压力主要是渗流导致的，我们可以设置帷幕防渗，还可以采用排水廊道排水……另外，你听说过“宽缝重力坝”和“空腹重力坝”吗？
要说到安全……据说因为你们“底盘大”，受到的扬压力也很大哦！扬压力可是很危险的……
3

感觉拱坝先生对自己家族非常自信呀！
不是我吹，我们家族那真的可以算是大坝界的智慧化身了！不但靠着精妙的结构节省了大量材料，安全性能也是杠杠的！
嗯……这个问题确实存在，不过随着技术的进步，我们家族的适应性也越来越强了……
可是，我听说你们家族对地形、地质条件要求不是一般的高，可不是哪里需要就能往哪儿建的吧？施工难度也不小吧？
说到这点就不得不提一下我们土石坝家族了，不但能适应各种地形、地质和气候条件，还能就地取材。
4

你好，大坝

第4章

大坝的功能

水库大坝既是保障各类用水的“大水盆”，也是拦蓄洪水的“镇水重器”。大坝及配套建筑物建成后，可以起到防洪、灌溉、供水、发电、航运、生态调节等功能。大坝家族中的很多成员都是身兼数职，集多种功能于一身，发挥着综合效益。大坝建成后形成的水库不仅仅是“水库”，它还是“粮库”“电库”和“碳库”！

防洪

大坝就像一个大闸门，拦住了河道中的水，形成了一个“大水盆”（水库）。当洪水来临的时候，可以利用水库库容对洪水进行有效的拦蓄，从而大幅降低进入下游河道的洪水量，减轻下游防洪压力。

1. 中国长江三峡水利枢纽工程

防洪是兴建三峡工程的首要任务，也是三峡工程的首要功能，这是由长江中游防洪的严峻形势和三峡工程在长江防洪体系中的重要地位决定的，通过三峡工程的调度运行，大幅提升下游防洪标准，有效降低洪水对中下游的威胁。

2. 荷兰三角洲工程

荷兰是世界上著名的“低洼之国”，约 1/4 的国土面积低于海平面，因此是世界上遭受洪水、海啸、大潮最为严重的国家之一。荷兰在治理水灾方面颇有建树，建造了举世闻名的两大水利工程：一是北部拦海大坝和须德海围海造田工程，二是南部三角洲水利工程。

荷兰三角洲工程是世界大型防洪工程，被选为世界七大工程奇迹之一，共修建了 5 个风暴潮屏障、2 座水闸和 6 座大坝。三角洲工程不仅保护荷兰免受海水的侵袭，还有助于改善水资源环境和增加淡水供应，并创造了新的自然景观和休闲区。

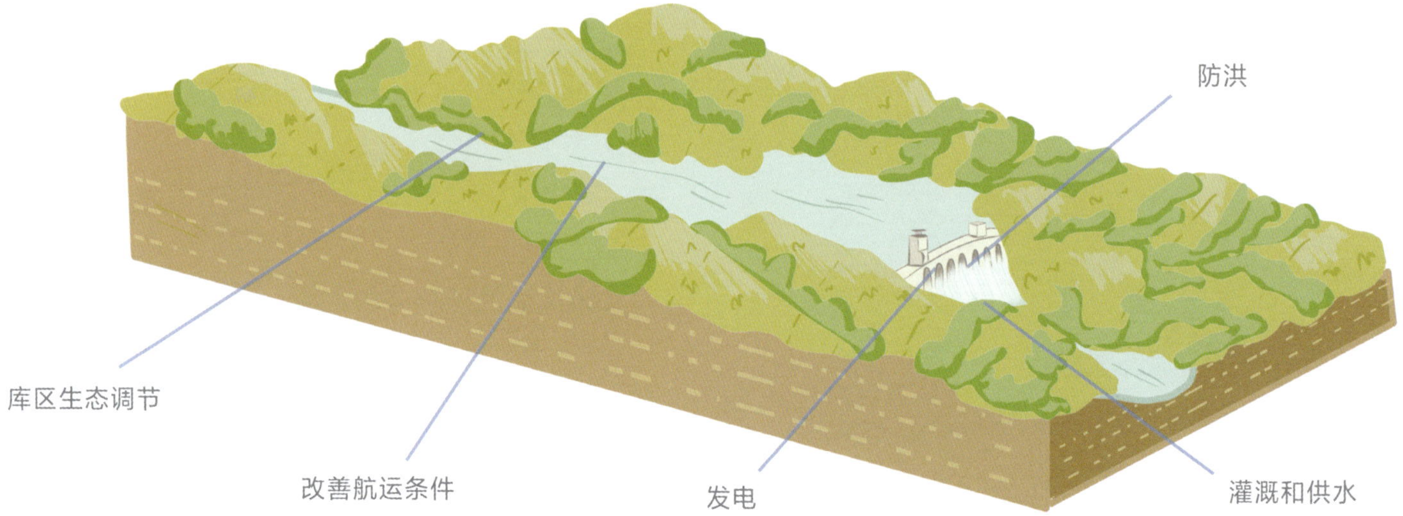

水库大坝的部分功能

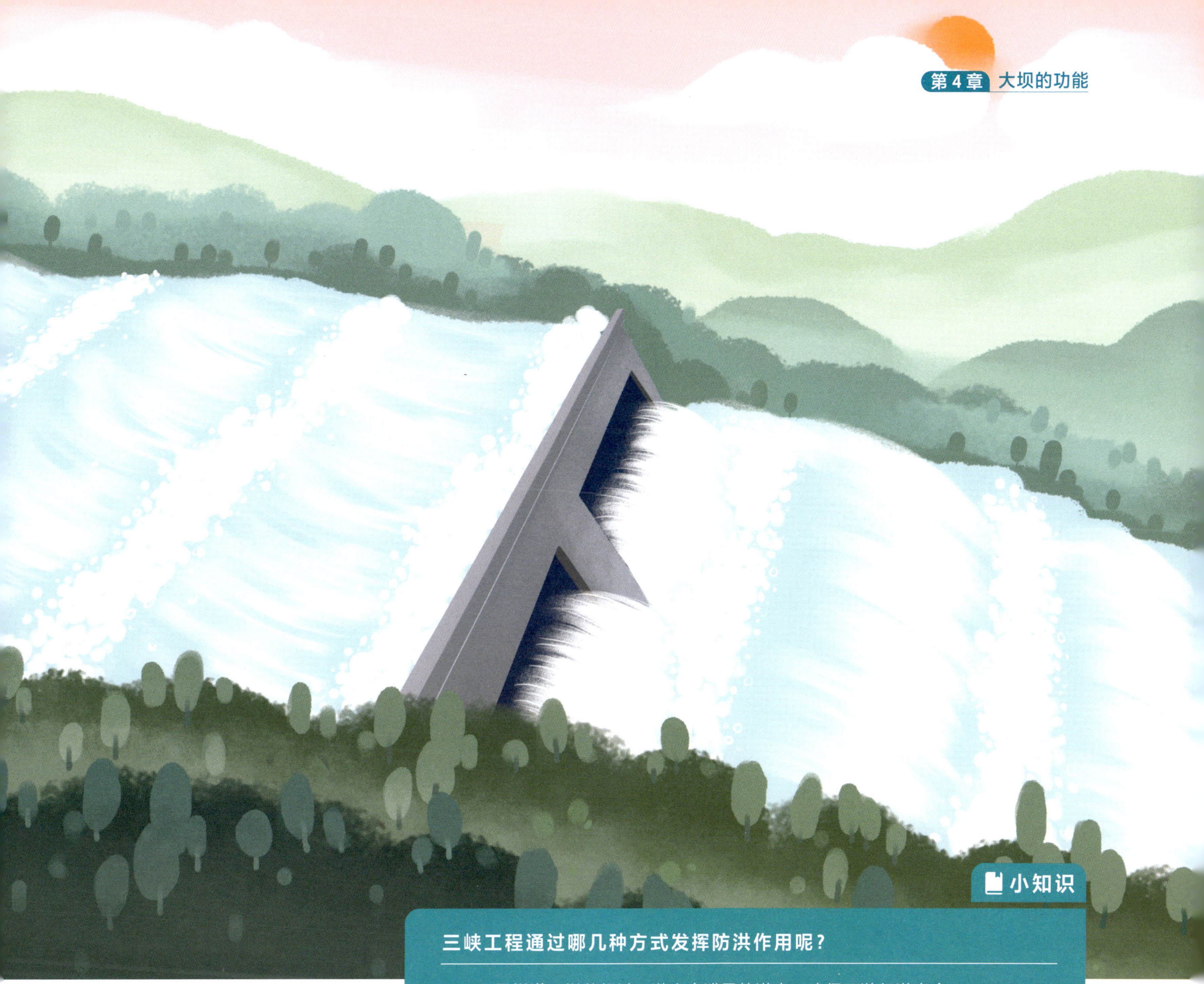

泄洪中的大坝

小知识

三峡工程通过哪几种方式发挥防洪作用呢？

一是拦洪。拦蓄超过下游安全泄量的洪水，确保下游行洪安全。

二是削峰。在下游防汛形势紧张时，削减上游来的大洪峰，减少水库出库流量并均匀下泄，缓解下游的防洪压力。

三是错峰。防止上游洪峰与下游洪峰相遭遇，减少下游的防洪压力。

灌溉和供水

河川径流具有多变性，在年、季以及地区之间来水都不同，而日常生活、工业生产、农业灌溉等人类活动都要求相对固定的用水量和时间，这与天然来水实际情况不能完全相适应。为了解决河川径流在时间上和空间上的重新分配问题，可以通过水库的调节作用，重新分配不同季节河流流量，改善洪、枯两季用水效果，使天然来水能较好地满足用水需求。

1. 中国丹江口大坝

丹江口水库作为中国南水北调中线工程水源地、国家一级水源保护区，是亚洲第一大人工淡水湖。丹江口大坝为混凝土重力坝，为适应区域经济社会发展，进一步提高水库防洪、供水等能力，丹江口大坝于 2005 年开展了加高工程建设，2013 年完成主体工程，大坝从 162 m 加高至 176.6 m，加高后，正常蓄水位由 157 m 抬高至 170 m，库容从 174.5 亿 m^3 增加到 290.5 亿 m^3，水域面积达到 1022.75 km^2。

中国南水北调中线工程年均引水量约为 90 亿 m^3，向河南、河北、北京、天津四省（直辖市）20 多座大中城市供水，使昔日“水贵如油”的河南和河北部分地区变成了中国重要的商品粮基地。

2. 埃及阿斯旺大坝

尼罗河是世界流程最长的河流，同时也是埃及的生命线，水资源年际变化很大，有丰水年和枯水年之分。为保证尼罗河枯水年满足周边农田灌溉和生产生活供水需求，并防止丰水年洪水泛滥所造成的人民生命财产损失，埃及于 1960 年在尼罗河干流上修建了阿斯旺大坝。

埃及阿斯旺大坝

阿斯旺大坝具有灌溉、发电、防洪、航运、旅游、水产等多种效益。大坝修建后使农业区不受河水水位过高或过低的影响，保障了灌溉用水，同时调节了流量，防止了洪水泛滥，扩大了灌溉面积。

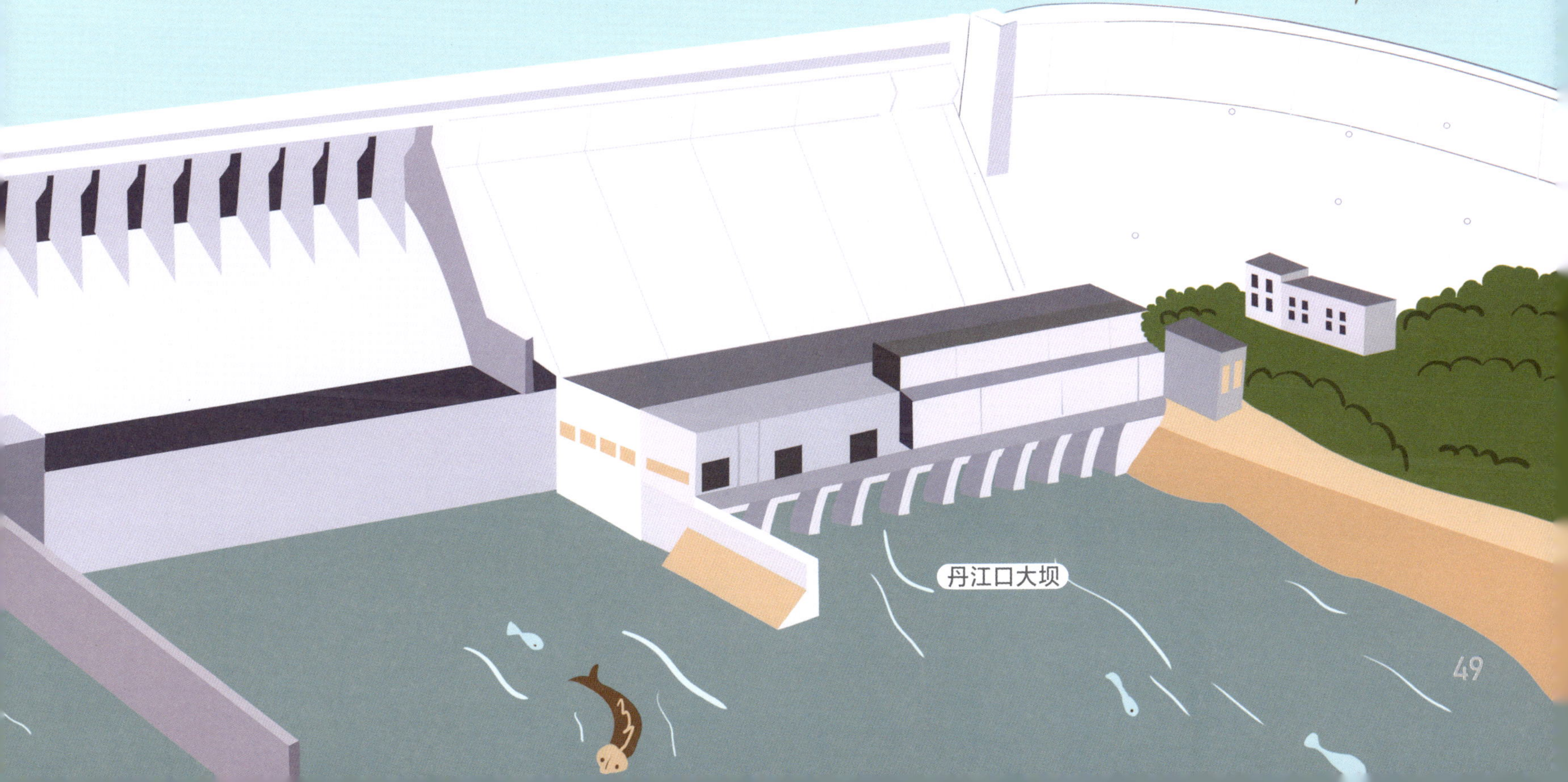
丹江口大坝

发电

水能是一种可再生的清洁能源。水力发电在水能转化为电能的过程中不发生化学变化，不产生有害物质，对环境影响小。而且水力发电效率高，发电成本低，机组启动快，调节容易，是回报率最高的能源。因此，大力发展水电也是实现碳中和的重要举措。

通过建设大坝抬高上游水位，使上、下游形成较大水位差而具备水力发电的基本条件。水力发电是利用水力推动水轮机转动，将势能转化为水轮机的机械能，再通过发电机将机械能转化为电能。

水电专家潘家铮院士曾算过一笔账：“1 度电≈ 0.5 kg 煤”，也就是说 1kW·h 水电约可节约 0.5 kg 煤。以发电为主要目的的白鹤滩水电站，总装机容量 1600 万 kW，多年平均年发电量为 602.4 亿 kW·h，为全球范围内装机容量仅次于三峡的第二大水电站，能够满足约 7500 万人一年的生活用电需求，可代替标准煤约 1968 万 t，减少二氧化碳排放约 5200 万 t。

老挝被喻为“一半山一半水”的国家，湄公河及其支流穿流而过，存在较大水位差，水力资源丰富。老挝境内水电资源理论蕴藏总量约为 3000 万 kW，技术可开发总量为 2347 万 kW，老挝也因此被誉为“中南半岛蓄电池”。截至 2022 年 7 月，老挝国内共有 91 座水电站投入运行，总装机容量为 10971.14 MW，每年可发电量高达 560.80 亿 kW·h。预计将于 2025 年新建成电站项目 22 个，总装机容量为 4397 MW，每年可发电高达 275.02 亿 kW·h；预计将于 2030 年建成电站项目 38 个，总装机容量为 7289.7MW，每年发电量可高达 345.05 亿 kW·h。老挝水力发电在满足本国需求的同时，还可向泰国、越南、马来西亚、柬埔寨和缅甸等国出口富余电力。

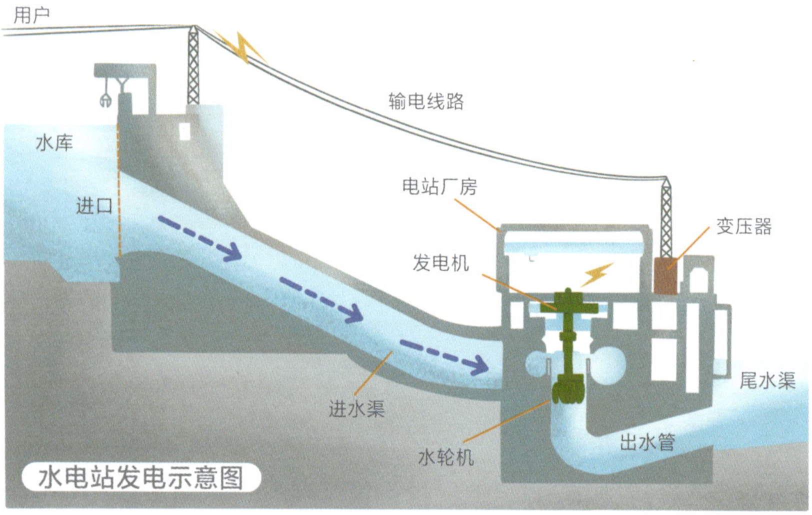

水电站发电示意图

小知识

碳中和

“碳中和”指国家、企业、产品、活动或个人在一定时间内直接或间接产生的二氧化碳或温室气体排放总量，通过植树造林、节能减排等形式，以抵消自身产生的二氧化碳或温室气体排放量，实现正负抵消，达到相对“零排放”。

白鹤滩水电站

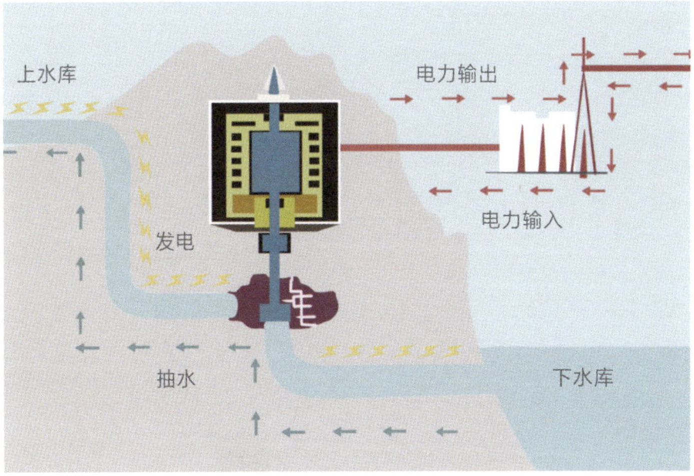

抽水蓄能电站运行示意图

小知识

抽水蓄能电站（绿色“超级充电宝”）

抽水蓄能电站是利用电力负荷低谷时的电能从下水库抽水至上水库，在电力负荷高峰期再放水至下水库发电的水电站，它可将电网负荷低时的多余电能，转变为电网高峰时期的高价值电能。一般用于电网的调峰、调频、调相及事故备用。

发展抽水蓄能电站，提升电力系统灵活调节能力，是构建以新能源为主体的新型电力系统的关键手段，有助于推动绿色低碳发展。

2021 年底，河北丰宁抽水蓄能电站正式投产发电，总装机容量为 3600 MW，为世界上规模最大的抽水蓄能电站，该电站作为服务 2022 年北京冬奥会的重点工程，点亮了一座座冬奥场馆，为冬奥会源源不断地输送绿色电能。

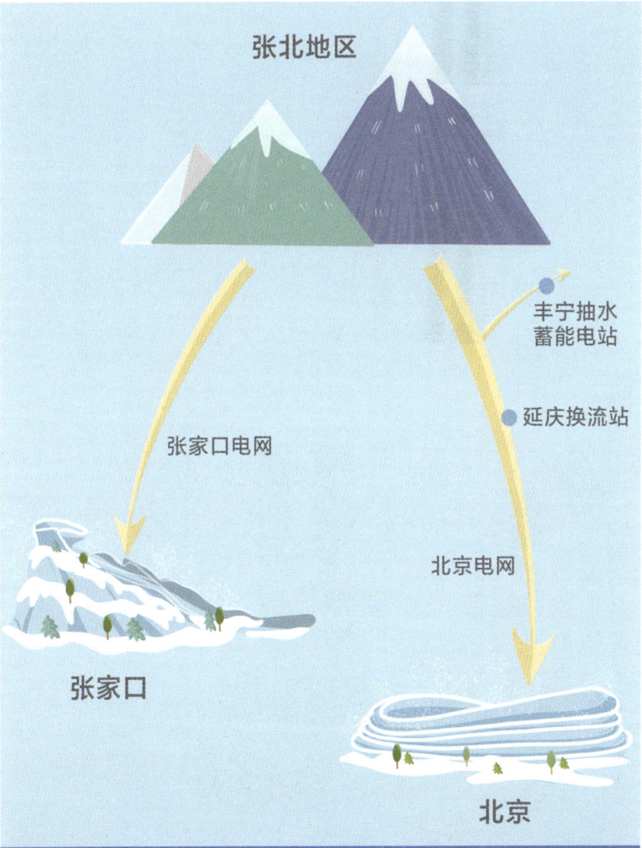

河北丰宁抽水蓄能电站服务于北京冬奥会

三峡水利枢纽升船机

航运

大坝建成投入运行可大大改善河道航运条件，减少季节对航运的影响。如果没有大坝，遇到干旱季节，河道中水量将锐减，严重时将导致船舶无法正常行驶。

1. 中国三峡水利枢纽船闸及升船机

三峡大坝建成后，长江上下游水位落差变大，最大达 113 m。船舶是如何从大坝通行的呢？这就要依靠三峡的船闸和升船机，人们将此情景形象地比喻为“大船爬楼梯，小船坐电梯”。三峡船闸为双线五级连续船闸，是世界上连续级数最多、总水头和级间输水水头最高的内河船闸，可通过万吨级船队；升船机为单线一级垂直升船机，最大提升高度 113 m，可通过 3000 t 级船舶，是世界上规模最大、技术难度最高的升船机。

2. 德国吕内堡升船机

德国内河航运发达，境内有 7300 km 内河航道，共建有 335 座船闸、4 台升船机、287 座堤坝、8 座防洪坝以及 1300 座桥梁，形成了四通八达的内河航运体系。德国于 1934 年建成世界首台现代化大型升船机——尼德芬诺升船机，又于 1975 年建成通航规模更大、技术更先进的吕内堡升船机。

德国吕内堡升船机

生态调节

大坝建成后，蓄积水源形成水库可以调节库区气候，对周边环境有一定的降温、增湿、净化空气的作用。通过水库调节下游流量，可以保障下游河流基本的生态流量，维持河流基本形态和基本生态功能，维系河湖生态系统稳定。水库还有拦截泥沙、降低河流含沙量以及改善水质的作用。通过对河流上中游水库的联合调度，能防止河口海水入侵和倒灌，保障河口生态系统的良好状态。采取水力发电生产清洁能源，也能有效助力中国“双碳”目标的实现。

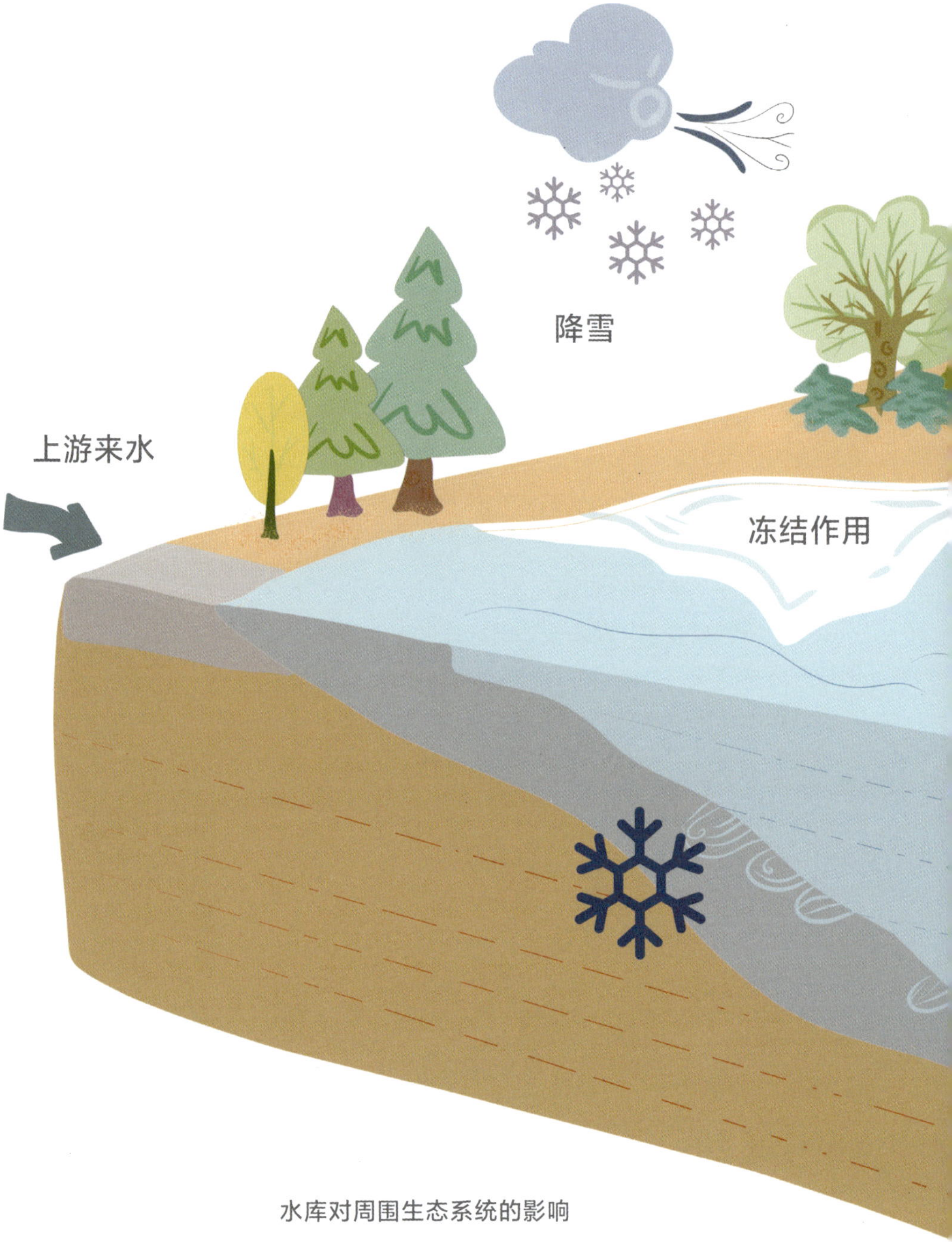

水库对周围生态系统的影响

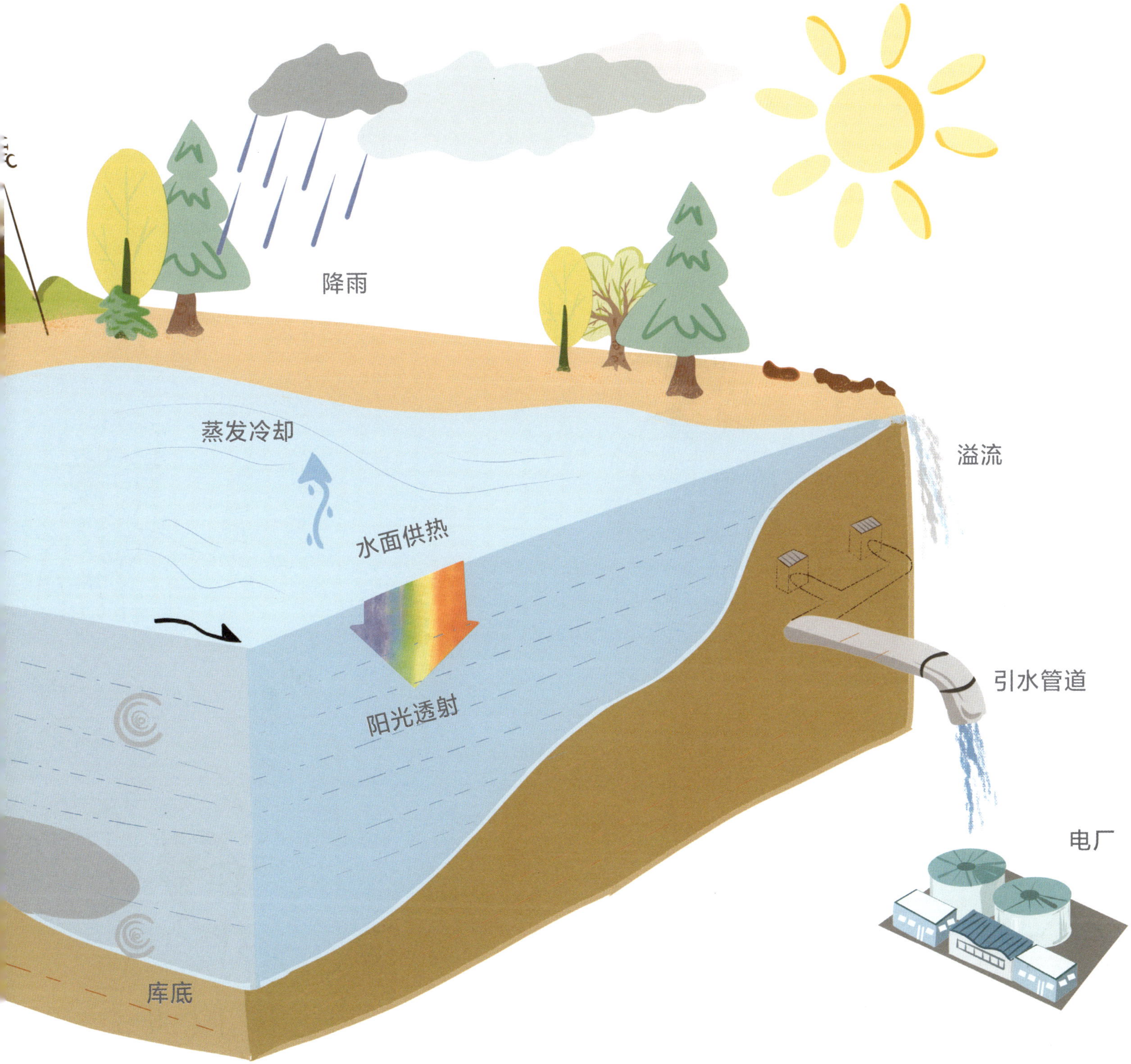
降雨
蒸发冷却
溢流
水面供热
阳光透射
引水管道
电厂
库底

小漫画

大坝建设会破坏生态环境吗？

几年前，小镇上建成一座水库大坝，为小镇周边的农田灌溉和居民用水、用电带来了极大便利。然而，最近镇上出现了一些传言——建造大坝会破坏环境。于是，居民们请来了科学家，在水库旁讨论起来……

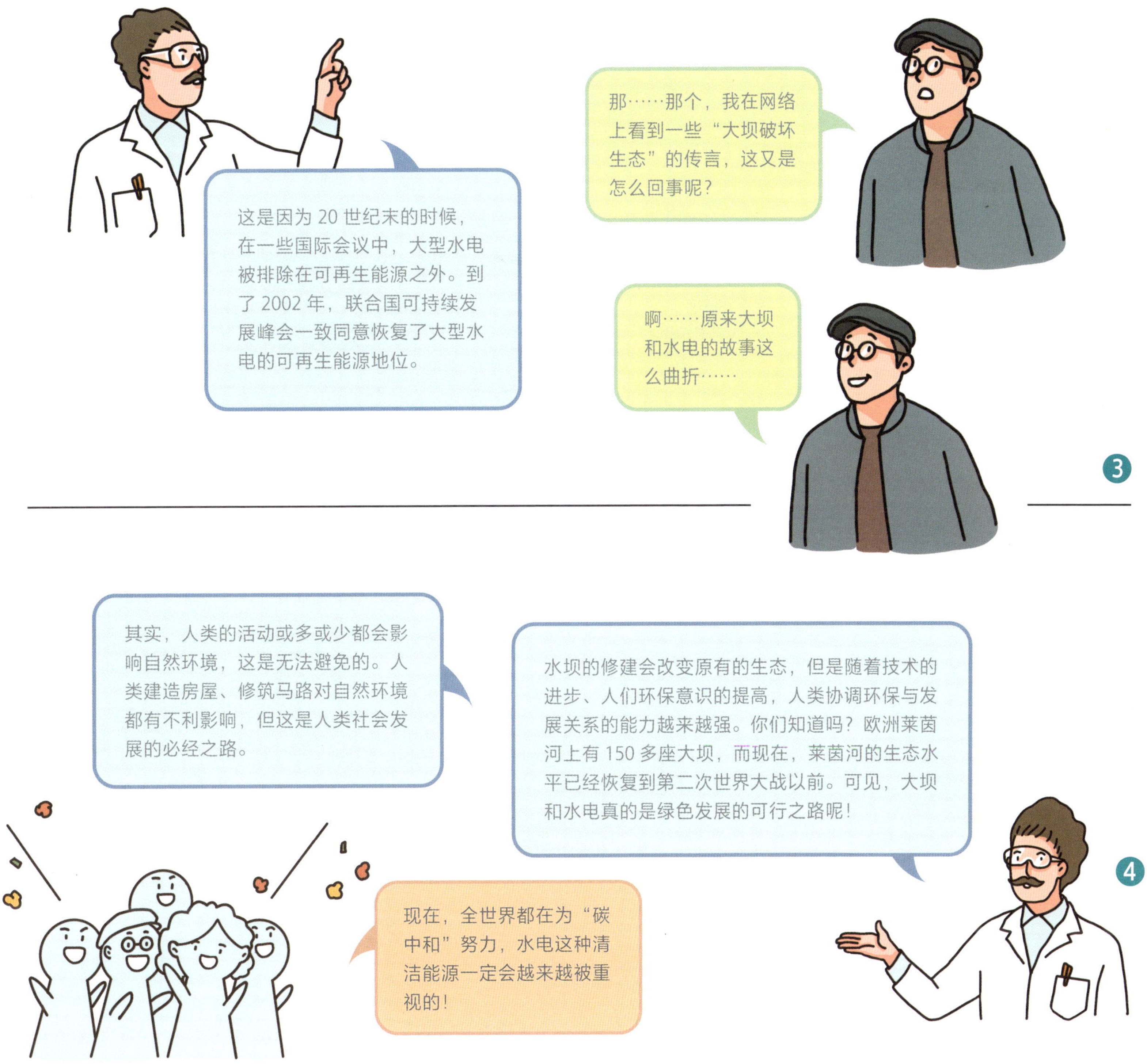
那……那个，我在网络上看到一些“大坝破坏生态”的传言，这又是怎么回事呢？
这是因为 20 世纪末的时候，在一些国际会议中，大型水电被排除在可再生能源之外。到了 2002 年，联合国可持续发展峰会一致同意恢复了大型水电的可再生能源地位。
啊……原来大坝和水电的故事这么曲折……
3
其实，人类的活动或多或少都会影响自然环境，这是无法避免的。人类建造房屋、修筑马路对自然环境都有不利影响，但这是人类社会发展的必经之路。
水坝的修建会改变原有的生态，但是随着技术的进步、人们环保意识的提高，人类协调环保与发展关系的能力越来越强。你们知道吗？欧洲莱茵河上有 150 多座大坝，而现在，莱茵河的生态水平已经恢复到第二次世界大战以前。可见，大坝和水电真的是绿色发展的可行之路呢！
现在，全世界都在为“碳中和”努力，水电这种清洁能源一定会越来越被重视的！
4

梅峰岛
月光岛
龙山岛
渔乐岛
神龙岛
千里湖镇
千岛湖风景区（新安江水库）

其他功能

随着城镇化进程加快，许多水库功能已由“传统功能型”演变为“都市服务型”，在防洪、供水、灌溉等功能的基础上，拓展形成水景观、水文化等功能。

新加坡麦里芝水库公园

1. 中国新安江水库风景区

新安江水库，即千岛湖风景区，位于浙江省杭州市淳安县境内，是为建新安江水电站拦蓄新安江上游来水而成的人工湖。千岛湖湖水为国家一级水体，被誉为“天下第一秀水”。

新安江水库建成后，大坝将新安江上游拦截成一个巨大的湖泊。崇山峻岭淹入湖中成为大小岛屿，共 1078 个，故名“千岛湖”。千岛湖分东南湖区、中心湖区、西北湖区、西南湖区、东北湖区和石林景区六个游览区。千岛湖共有植物近 1800 种，湖中岛屿森林覆盖率超过 80%，动物昆虫 2000 余种，有“鱼跃千岛湖”“水下金字塔”等奇特景观。千岛湖与加拿大渥太华金斯顿千岛湖、湖北黄石阳新仙岛湖并称为“世界三大千岛湖”。

2. 新加坡麦里芝水库公园

新加坡麦里芝水库公园毗邻自然保护区，是新加坡最古老的水库，建于 1867 年，被视为通往大自然的门户。全长 11 km 的麦里芝自然观光步道穿过中央集水地带自然保护区的热带雨林。麦里芝水库建成以来，水库公园已形成一个多元化康乐体育活动场地，能开展例如散步、慢跑、打太极、越野、皮划艇等体育项目。

你好，大坝

第5章

大坝运行管理

水库大坝承担着调节水流、防洪和发电等功能，对于保障人民生命财产安全和社会经济发展至关重要。然而，大坝的结构和运行工况十分复杂，且会受到洪水、地震、天气变化以及地质条件的不确定因素等影响。因此，科学合理地运行管理对于提高大坝的安全性至关重要，可以确保大坝的稳定运行，进而促进水资源的合理利用和社会的和谐发展。

大坝全生命周期

大坝全生命周期是指从大坝建设设计到报废拆除的整个过程，一般分为设计建设、蓄水运行、运行管理、除险加固、降等报废等阶段。

1. 设计建设

设计单位对新建大坝提出具体设计方案，施工单位根据设计方案修建大坝，基本工序是截流—基坑开挖—坝体填建—蓄水与竣工验收—大坝注册。

2. 蓄水运行

大坝建设完成，蓄水运行前需要进行蓄水安全鉴定及蓄水验收。蓄水安全鉴定是大坝建设工程蓄水验收的必要依据，未经蓄水安全鉴定不得进行蓄水验收。

3. 运行管理

水库管理单位对大坝进行日常运行管理，做好检查监测、维护管理等日常运行管理工作，并按规定定期对大坝开展安全鉴定，确保大坝工程安全。

4. 除险加固

随着大坝使用年限的增加，坝体等基础设施逐渐出现一些老化病害。为消除病险水库大坝的安全隐患，保障工程安全，需要采用一系列措施进行除险加固。

5. 降等报废

降等是指因水库规模减小、功能萎缩、经济社会发展需求变化等原因，将原设计工程等别降低进行运行管理且仍然达到水库规模，以保证工程安全和发挥相应效益的措施。报废是指对功能基本丧失、现有库容达不到水库规模或者病险严重的水库，处置措施技术上不可行或者经济上不合理的，所采取的退出水库管理的处置措施。

小知识

大坝与青山绿水

水电开发过程中要始终坚持绿色发展、生态优先，统筹解决好生态流量、鱼类增殖、河流生态系统稳定等问题，维系有坝河流的良好生态。河流水系的完整性、水体的流动性、水质的良好性、水生生物的多样性、水文化的传承性是江河生态环境质量的重要标志。坝工行业通过科技创新和技术进步，聚焦江河生态环境的保护，不断突破河流生态修复的技术瓶颈，使江河的故事更加美好。大坝保护的青山绿水就是留给后代的金山银山！

大坝建设过程中要做好环境保护规划，加强环境管理。例如，工程开挖时要做好空气污染防护，施工废水处理要做好水质污染防护，施工时尽量减少对地貌及植被的破坏……

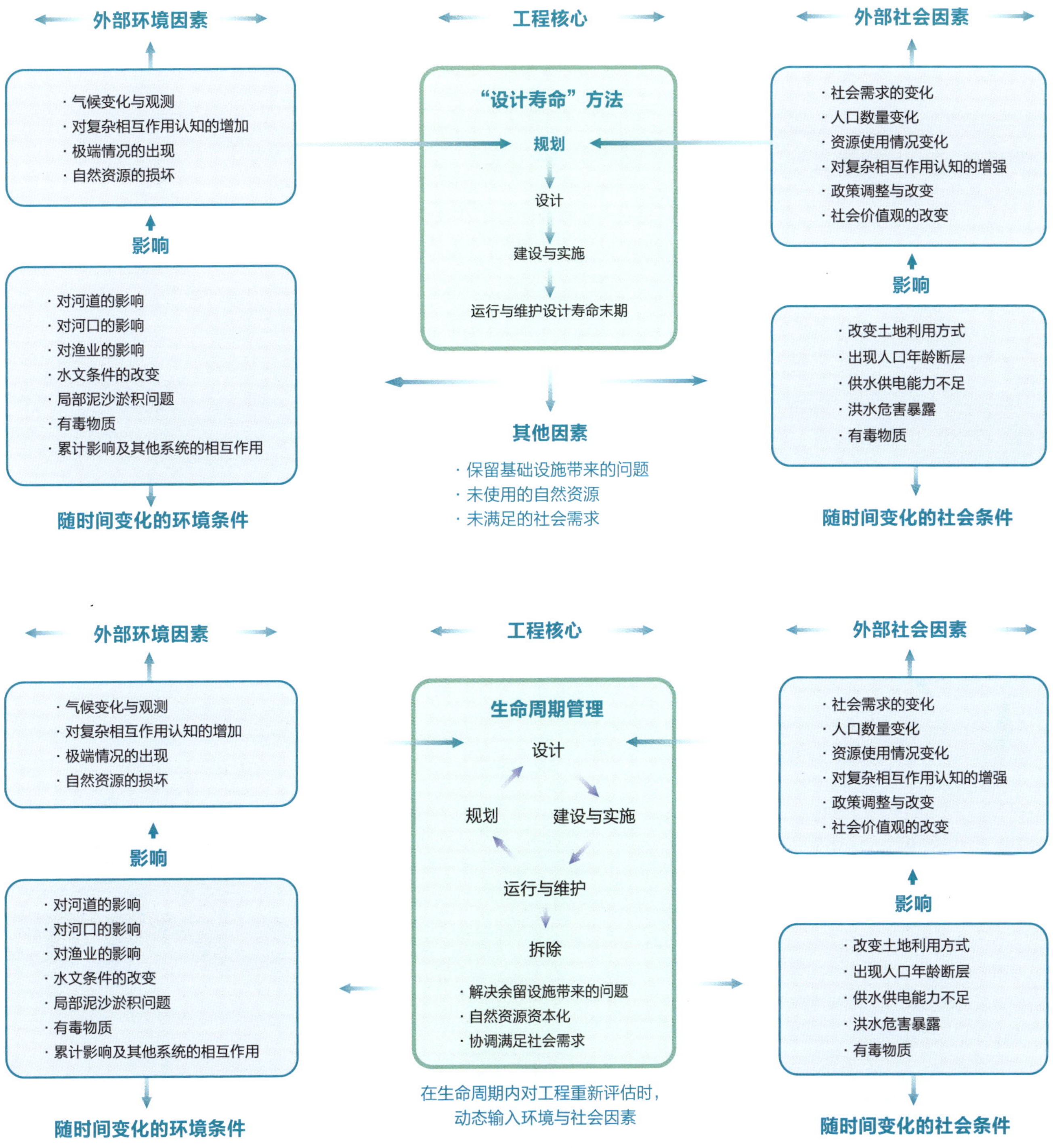
外部环境因素
工程核心
外部社会因素
· 气候变化与观测
· 对复杂相互作用认知的增加
· 极端情况的出现
· 自然资源的损坏
“设计寿命”方法
规划
设计
建设与实施
运行与维护设计寿命末期
· 社会需求的变化
· 人口数量变化
· 资源使用情况变化
· 对复杂相互作用认知的增强
· 政策调整与改变
· 社会价值观的改变
影响
· 对河道的影响
· 对河口的影响
· 对渔业的影响
· 水文条件的改变
· 局部泥沙淤积问题
· 有毒物质
· 累计影响及其他系统的相互作用
影响
· 改变土地利用方式
· 出现人口年龄断层
· 供水供电能力不足
· 洪水危害暴露
· 有毒物质
其他因素
· 保留基础设施带来的问题
· 未使用的自然资源
· 未满足的社会需求
随时间变化的环境条件
随时间变化的社会条件
外部环境因素
工程核心
外部社会因素
· 气候变化与观测
· 对复杂相互作用认知的增加
· 极端情况的出现
· 自然资源的损坏
生命周期管理
设计
规划
建设与实施
运行与维护
拆除
· 解决余留设施带来的问题
· 自然资源资本化
· 协调满足社会需求
· 社会需求的变化
· 人口数量变化
· 资源使用情况变化
· 对复杂相互作用认知的增强
· 政策调整与改变
· 社会价值观的改变
影响
· 对河道的影响
· 对河口的影响
· 对渔业的影响
· 水文条件的改变
· 局部泥沙淤积问题
· 有毒物质
· 累计影响及其他系统的相互作用
影响
· 改变土地利用方式
· 出现人口年龄断层
· 供水供电能力不足
· 洪水危害暴露
· 有毒物质
在生命周期内对工程重新评估时，
动态输入环境与社会因素
随时间变化的环境条件
随时间变化的社会条件

大坝全生命周期示意图

大坝溃坝警示及管理

国内外溃坝概况及主要警示

1. 溃坝案例

水库大坝给人类带来巨大效益的同时，其潜在的溃坝风险也不容忽视。水库大坝一旦失事，将会严重威胁下游民众的生命财产安全。

一些国家的高坝发生过惨痛事故，如奥地利科恩布莱恩拱坝（坝高 200 m）坝踵开裂，俄罗斯萨扬 – 舒申斯克水电站大坝（坝高 242 m）坝体开裂，美国奥罗维尔大坝（坝高 235 m）溢洪道破坏，奥地利齐勒尔格林德尔拱坝（坝高 186 m）坝踵水力劈裂，意大利瓦伊昂拱坝（坝高 262 m）岸坡失稳。

中国历史上也曾发生过重大溃坝事件，如 1975 年 8 月，由于超强台风“莲娜”导致的特大暴雨引发淮河上游大洪水，板桥、石漫滩等水库漫顶垮坝，澧河决口，老王坡蓄洪区相继决口。同期竹沟中型水库垮坝，薄山水库漫溢，以及其他 58 座小型水库在短短数小时间相继垮坝溃决。这次严重的洪涝事件造成 2.6 万余人死亡，京广铁路被冲毁 102 km，中断 16 天。

2. 溃坝成因

溃坝成因一般分为三大类，即自然因素（例如洪水漫顶）、工程因素（例如渗漏破坏）和人为因素（例如设计施工缺陷、管理不当、人为侵占等）。在深入分析任何单一溃坝事件时发现，每起溃坝都是由多种因素耦合叠加导致的。

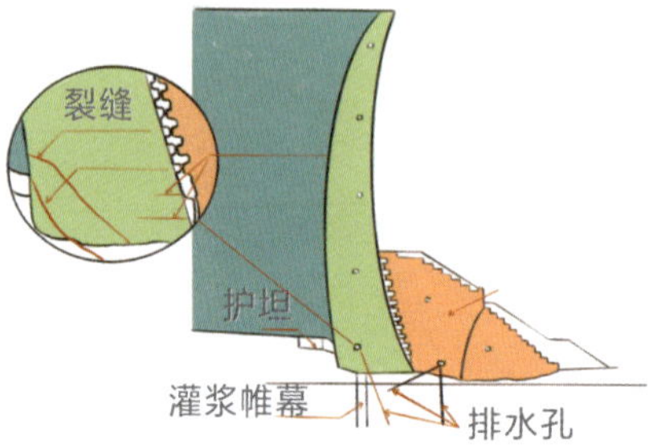

坝踵严重开裂
奥地利 科恩布莱恩，坝高 200m

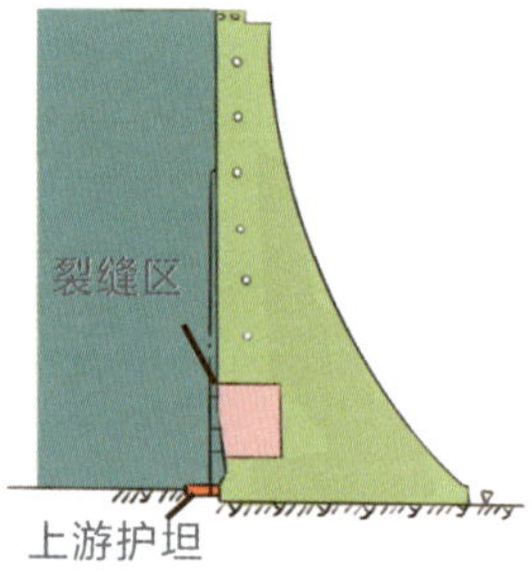

坝体开裂
俄罗斯 萨扬 – 舒申斯克，坝高 242 m

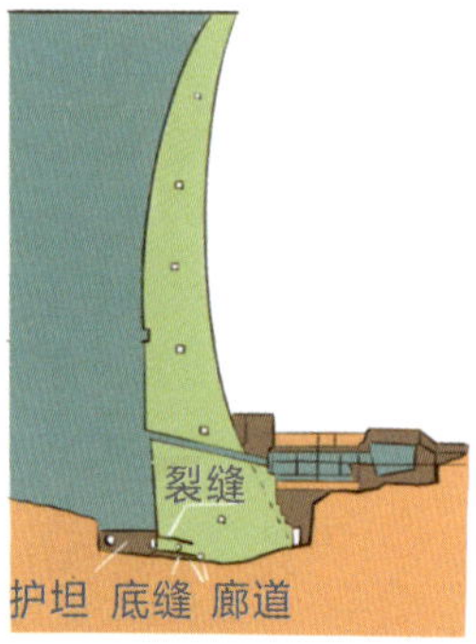

坝踵水力劈裂
奥地利 齐勒尔格林德尔，坝高 186 m

溢洪道破坏
美国 奥罗维尔，坝高 235 m

近年来发生的溃坝案例

淮河上游“75 · 8”特大洪水溃坝事故

3. 溃坝警示

合理设计与规范施工是水库大坝安全的基础；专业管理与维护是水库安全运行的重要途径；有效监管是水库长治久安的关键前提；及时应急处置是避免重大公众损失的有效措施。极端天气事件给大坝安全管理带来前所未有的挑战。要加强风险宣传，增强公众风险意识，主动规避和化解风险。

管理

1. 风险管理

大坝风险管理是一种以风险控制为核心的全过程动态管理，风险理念的核心是事故与后果、预防与控制，风险理念体现在大坝全生命周期的规划、设计、施工和运行等不同阶段。

在大坝风险管理理念中，一座安全的大坝，首先是其潜在风险能被接受，其次才是完成其预定功能。风险管理包括两个重要理念：一是大坝风险始终存在，无法完全回避；二是需要承受适度风险。“适度风险”指社会和公众可以接受的风险，可以通过采取适当措施预防和控制。

理念	年份	事件
传统大坝安全理念	1982年	国际大坝委员在巴西里约热内卢成立了大坝安全技术委员会
	1987年	大坝安全技术委员会发布了59号通告《大坝安全指南》，将大坝安全定义为“将大坝实际状态和那些导致其溃决或恶化的状态区分开来的范围”
现代大坝安全理念	1994年	澳大利亚发布《大坝安全管理指南》，强调“大坝溃决常常是一场毁灭性的灾难，可能导致下游生命和经济损失以及环境破坏，并使业主遭受难以承受的财产和收益损失”，将大坝安全内涵延伸至公众生命和环境
	1999年	加拿大发布了《大坝安全导则》，将安全的大坝定义为：“不会将不可接受的风险强加给公众，能够满足政府、工程安全和公众安全准则的大坝”。将大坝安全理念延伸至政府、公共安全，以及不可接受风险等重要对象
	2002年	世界银行发布《大坝安全法律框架比较研究报告》，将大坝安全定义为不存在“影响大坝建筑物和附属建筑物安全运行，以及对公众生命、健康、财产及大坝周边环境可能造成危害的各种因素”，明确大坝安全内涵包括公共安全和生态环境
	2004年	美国陆军工程兵团发布《大坝安全——政策与过程》，指出大坝安全不仅包括工程安全、公共安全、生态（环境）安全，也包括保障大坝安全的工程和非工程措施
	2023年	中国水利部发布《关于加快构建现代化水库运行管理矩阵的指导意见》，决定加快构建现代化水库运行管理矩阵

世界大坝安全理念演变过程

2. 应急管理

应急管理是指在水库大坝出现突发险情等事前预防、事发应对、事中处置和善后恢复过程中，通过采取必要的应对机制和措施（例如管理应急预案），保障水库大坝和人民生命财产安全，促进社会和谐健康发展。

水库大坝安全管理应急预案是为避免或减少水库大坝发生突发事件造成生命和财产损失预先制定的水库险情出现时的应急对策，是降低大坝安全风险重要的非工程措施。其中，科学预测溃坝洪水演进过程、洪峰到达时间、最终淹没范围和淹没水深，是制定应急预案的关键。

3. 智慧管理

水库大坝一般发挥多种功能和效益，强化运行管理是提升水库大坝综合效益的根本保障。随着经济社会发展，工程智慧管理已纳入国家战略发展体系。近年来，在5G、大数据、云计算、人工智能等新兴技术的支持下，中国智慧水利发展迅速。国家新型基础设施建设规划明确提出要推动大江大河大湖数字孪生、智慧化模拟和智能业务应用建设。水利行业将推进智慧水利建设作为推动水利高质量发展的最显著标志，目前正加快构建具有预报、预警、预演、预案“四预”功能的智慧水利体系。

智慧水利建设示意图

4. 经验做法

经过多年发展，中国在大坝建设与安全运行方面已形成较完善的管理体系和长效运行机制，水库大坝工程安全状况显著改善，信息化、智能化等程度不断提高。整体而言，中国已由大规模建坝阶段转入更加重视水库大坝安全运行管理精准化、信息化、现代化阶段。

美国、澳大利亚等国家水利水电工程建设起步早，在大坝安全管理方面的研究与实践经历的时间相对较长。以美国为例，在 20 世纪 30 年代，美国国内建坝已基本完成，之后进入大坝管理时代，先后经历了初期（1929—1970 年）、发展（1970—1986 年）和法制化科学化管理（1986 年至今）等阶段。

中国主要法规

中国先后制定了《水库大坝安全管理条例》《水电站大坝运行安全监督管理规定》《水库大坝安全鉴定办法》等一系列政策法规，有力提升和规范了水库大坝安全管理水平和能力。

中国大坝相关法规发展历程

1988年

《中华人民共和国水法》施行，这是我国第一部水法，是国家法律体系的重要组成部分，是水库大坝安全管理各项工作遵循的最高位法律

1991年

《水库大坝安全管理条例》颁布实施，标志着我国水库大坝安全管理步入法治化轨道

1991年

《中华人民共和国防汛条例》发布，标志着我国防汛步入法治化轨道

1998年

《中华人民共和国防洪法》施行，其为防治水害的法律依据,《中华人民共和国防洪法》与《中华人民共和国水法》一起构成适用于水库建设与管理的基本法律

2002年

《中华人民共和国安全生产法》施行，它是解决水库建设与管理中涉及安全生产问题的法律依据

2007年

《中华人民共和国突发事件应对法》施行，它是水库建设与管理中涉及大坝安全突发事件应对的法律依据

2021年

《关于大力推进智慧水利建设的指导意见》《"十四五"期间推进智慧水利建设实施方案》《智慧水利建设顶层设计》《"十四五"智慧水利建设规划》系列文件由水利部印发，明确了推进智慧水利建设的时间表、路线图、任务书、责任单

2022年

《数字孪生水利工程建设技术导则（试行）》《数字孪生流域建设技术大纲（试行）》由水利部印发，这是数字孪生水利工程与数字孪生流域建设内容、建设方法的统一要求与参照标准

2023年

《关于加快构建现代化水库运行管理矩阵的指导意见》《构建现代化水库运行管理矩阵先行先试工作方案》《构建现代化水库运行管理矩阵试点水库建设技术要求》《构建现代化水库运行管理矩阵先行区域建设技术要求》系列文件由水利部印发，明确了加快构建现代化水库运行管理矩阵的建设思路、建设任务和技术要求，全面提升水库运行管理精准化、信息化、现代化水平

美国主要法规及经验做法

美国于 1996 年颁布《国家大坝安全法案》，授权美国联邦紧急事务管理署负责该项目的管理，每 5 年发布一个战略规划，制定工作目标和主要任务，明确将水库大坝作为国家重要的基础设施加以保护。

美国大坝安全相关法规发展历程

1979 年

美国联邦应急管理署（FEMA）被赋予一项新职能，即负责协调国家大坝安全工作

1986 年

《水资源发展法案》授权美国陆军工程兵团继续负责维护和更新国家大坝统计数据库工作

1996 年

《水资源发展法案》授权《国家大坝安全法案》，并规定由 FEMA 负责协调工作

2002 年

《国家大坝安全与安保法案》考虑到大坝安全的重要性，增加了安保方面工作

2006 年

《大坝安全法案》规定将大坝的评级纳入国家大坝清单（NID）中

2014 年

《2014 年水资源改革和发展法案》再次授权国家大坝安全计划

欧洲主要法规及经验做法

瑞士围绕结构工程安全、持续的安全监控、应急预案“三足鼎立”的大坝安全管理理念，建立了运行人员、资深工程师、领域专家、大坝安全管理机构四层次监管体系，确保大坝和公共安全。将小型坝集中进行组合式资产管理，以充分发挥运行管理中资金及人力资源效益。

西班牙将流域中的水库大坝群集中进行组合式管理，强化监测、预测、预警等非工程措施。

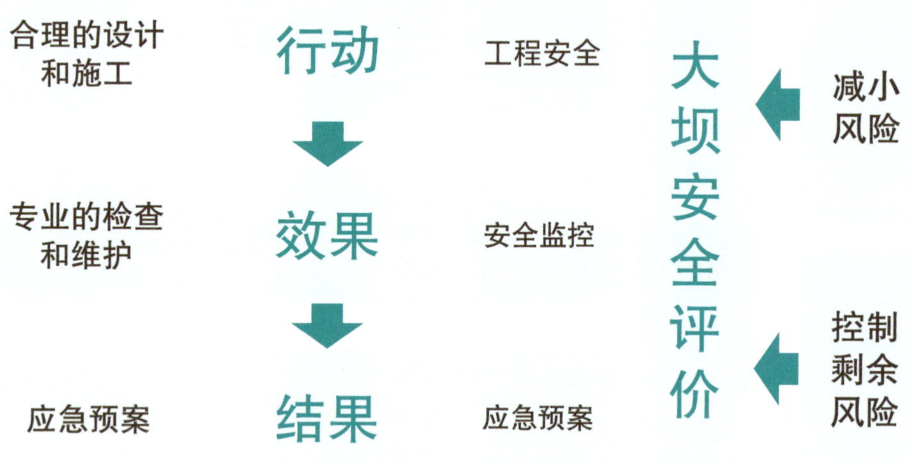

瑞士“三足鼎立”的大坝安全理念

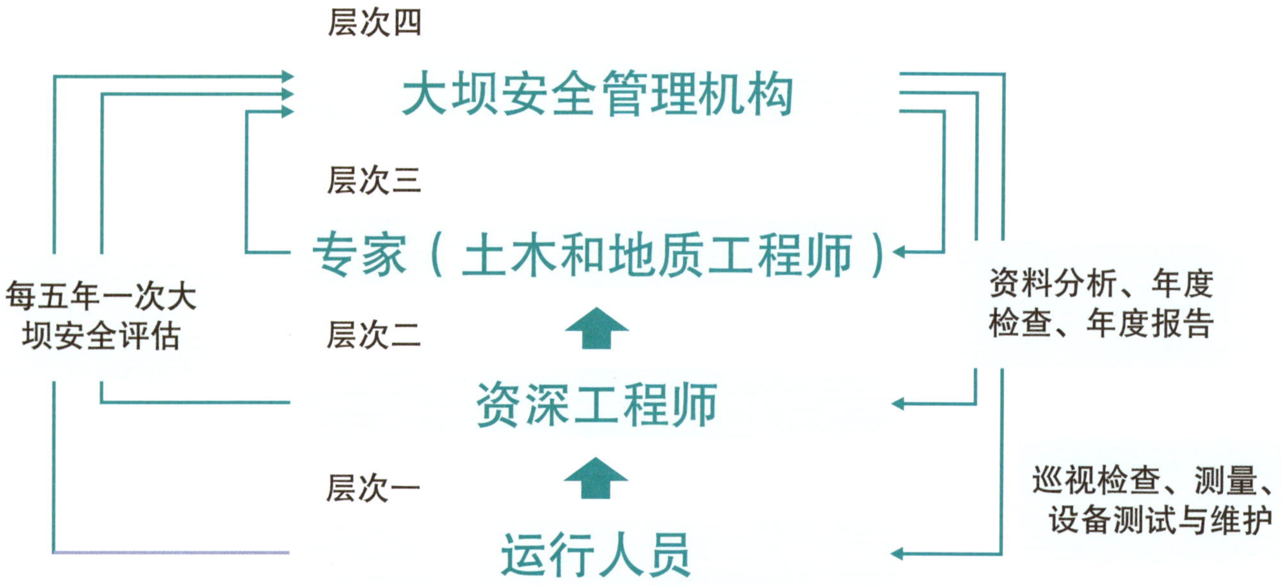

瑞士大坝安全监管四层次体系

部分国家大坝安全管理体系对照

国家	技术支撑机构	主要法律法规	管理体制	应急预案
中国	水利部大坝安全管理中心、国家能源局大坝安全监察中心	《水库大坝安全管理条例》 《水库大坝安全鉴定办法》 《水库大坝安全评价导则》 《水库大坝注册登记办法》 《水库降等与报废管理办法（试行）》	国务院水行政主管部门对全国水库大坝安全设施监督，各级人民政府及其水库主管部门对其所有管辖大坝的安全实行行政领导负责制	包括总则、工程概况、突发事件危害性分析、险情监测与报告、险情抢护应急保障、应急预案启动与结束、附件
美国	垦务局、陆军工程兵团、田纳西河流域管理局、联邦能源管理委员会、州政府等	《国家大坝安全核查法案》 《水资源发展法案》 《国家大坝安全法案》	以联邦紧急事务管理署为领导，联邦机构、州政府、私人机构和学术团体参加	包括紧急情况人员通知流程图，紧急情况的判定、评估和等级分类，反应措施的准备，淹没区域图，有关附录
瑞士	联邦能源署和州政府水库大坝安全监管机构	《大坝法》 《大坝条例》	大型水库由联邦能源署负责，小型水库由州政府水库大坝安全监管机构负责	大坝应急预案，撤离应急预案
澳大利亚	大坝安全委员会、水务公司、政府监督机构	《大坝安全法》 《大坝安全管理导则》 《大巴溃决后果评价导则》 《风险评价导则》	立法的州，大坝业主负责大坝安全，政府机构负责监督；未立法的州，水务公司管理大坝安全	大坝突发事件预案，群坝风险评价和个坝风险评价
韩国	水资源公社和农渔村公社	《水库和大坝的安全管理及灾害防治法案》 《公共建筑物的安全控制专项法案》	法律规定大坝业主的责任，基础设施安全和技术公司为专业检查单位	溃坝时人员安全撤离的应急行动预案

你好，大坝

第6章

大坝安全保障

当前，中国水利已迈入高质量发展的新阶段。中国水利部门将始终秉持创新、协调、绿色、开放、共享的新发展理念，把水库大坝作为构建流域防洪工程体系的重要组件、建设国家水网的重要结点、复苏河湖生态环境的重要支撑，进一步加强水库大坝科学建设、高效运行、智能管理、安全保障，提升水旱灾害防御能力、水资源集约节约利用能力、水资源优化配置能力、河湖生态保护治理能力，实现水库大坝经济效益、社会效益、生态效益、安全效益相统一。

（资料来源：水利部部长李国英在国际大坝委员会第27届大会暨第90届年会闭幕式的致辞）

防洪

气候变化对大坝工程建设与运行的影响

气候变化引起暴雨、洪水等水文极值变化，直接改变了大坝工程设计洪水系列，采用现有工程水文计算标准修建的水库大坝工程，在未来运行过程中由环境变化带来的风险将不断增大。

自然灾害频发，灾情错综复杂，各灾害因关联作用而存在动态的链式逻辑关系。在水库影响区域内，自然灾害灾变链主要包括暴雨、洪水、强震、各类地质灾害、邻近上游水库溃坝失事等。

近五年气候变化引发的全球溃坝典型案例

序号	大坝名称	所在地	溃坝日期	坝型	坝高 /m	总库容/万m^3	溃坝原因	生命损失/人
1	斯宾塞大坝	美国内布拉斯加州	2019-3-14	黏土心墙堆石坝（北部）/土石坝（南部）	7.92	2035.24	强降雨，冰川破坏堵塞，洪水漫顶	4
2	拉特内基里泰威尔大坝	印度马哈拉施特拉邦中部	2019-7-2	不详	不详	2451.00	渗透破坏	（至少）18
3	托德布鲁克水库	英国德比郡	2019-8-1	黏土心墙坝	24.00	128.80	溢洪道年久失修，长期渗流，面板空蚀，暴雨坍塌	0
4	萨尔多巴水库	乌兹别克斯坦锡尔河州	2020-5-1	土坝	29.00	92000.00	强降雨，渗透破坏	4
5	伊登维尔大坝	美国密歇根州米兰德县	2020-5-19	土坝	16.60	8170.00	渗流破坏，失稳	0

续表

序号	大坝名称	所在地	溃坝日期	坝型	坝高 /m	总库容/万m^3	溃坝原因	生命损失/人
6	桑福德大坝	美国密歇根州米兰德县	2020-5-19	土坝	10.97	1714.40	漫顶	0
7	长罗水电站	中国江西赣州市宁都县	2020-6-6	混凝土心墙浆砌石重力坝	22.25	36.57	施工质量差，违规蓄水，垮坝	2
8	里希甘加水电站闸坝（在建）	印度北阿坎德邦	2021-2-7	混凝土闸坝	不详	不详	冰川崩塌，漫顶	18（超过200人失踪）
9	考帕卡鲁亚土坝	美国夏威夷毛伊岛	2021-3-8	土坝	17.40	25.74	强降雨，漫顶	2
10	鲁尔坝	德国北莱茵-威斯特法伦州科隆行政区	2021-7-17	土石坝	77.40	20320.00	强降雨，漫顶	（至少）133
11	新发水库	中国内蒙古呼伦贝尔市莫力达瓦旗	2021-7-18	均质土坝	10.60	3808.00	暴雨，洪水漫顶	0
12	阿尔比拉德水库	利比亚德尔纳市	2023-9-11	黏土心墙堆石坝	70	150	极端暴雨，缺乏维护	11300（超10100人失踪）
13	阿布曼苏尔水库	利比亚德尔纳市	2023-9-11	黏土心墙堆石坝	不详	2250		
14	提斯塔 III 级水电站	印度锡金琼唐镇	2023-10-4	混凝土面板堆石坝	60	508	南洛纳克冰川湖溃决引发山洪泥石流	18（超150人失踪）
15	提斯塔 V 级水电站	印度锡金提斯塔河下游	2023-10-4	混凝土重力坝	88.5	不详		

美国较早开展气候变化相关研究，是最早推行应急管理的国家之一，积累了较为先进的社会应急管理经验。

美国在水库大坝等级划分和防洪标准选择上是以风险分析为基础，量化考虑了水库大坝失事的潜在危害，体现了以人为本的发展理念，属于大坝风险管理的范畴。

设计入库洪水的选择是评估和设计大坝的第一步，以确定溢洪道和泄水建筑物的规模、最大库容、大坝高度以及超高要求等。美国联邦应急管理署、美国陆军工程兵团、美国垦务局等都对大坝入库设计洪水的选择制定了相关的技术标准，其中美国联邦应急管理署建议采用指定式方法、特定场所的最大可能降水研究、增量后果分析和基于风险策略等方法来选择入库洪水。

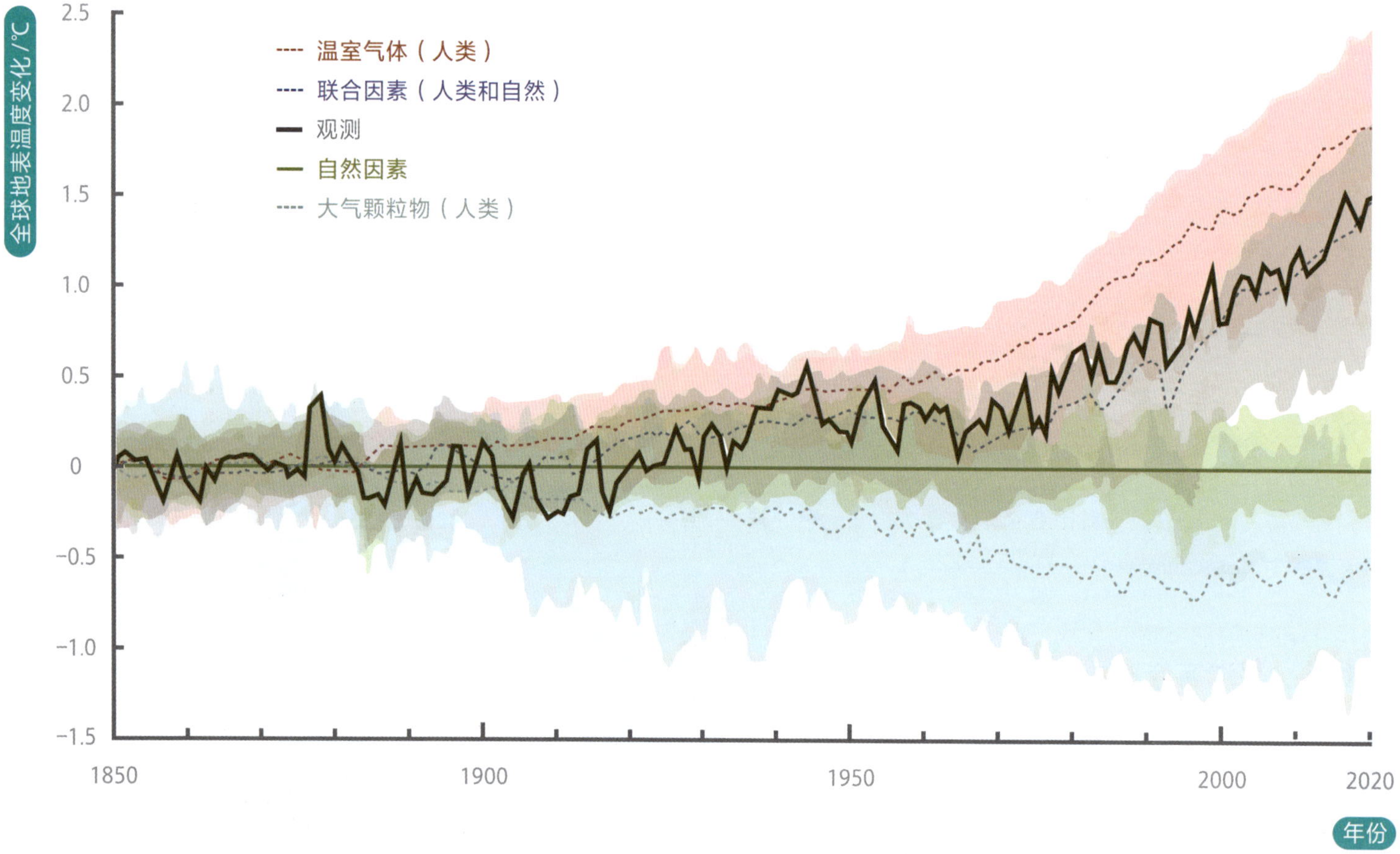

人类影响的模拟气候变暖（1850—2020 年）重现

防洪能力

中国是世界上洪涝灾害最为频繁和严重的国家之一，历史上发生的大洪水灾害，曾对经济社会发展带来严重的破坏和冲击。经过多年建设，中国主要江河流域以水库、堤防、蓄滞洪区等工程措施和非工程措施相结合的防洪减灾体系逐步完善，战胜了多次流域性、区域性大洪水。

为应对气候变化，加快防洪能力提升，应重点从以下方面提升防洪减灾能力。

1. 提高河道泄洪能力

对北方河流，恢复河道行洪能力，减轻河道淤积萎缩，确保行洪畅通；对南方河流，维护河势稳定，协调好干支流关系，减轻干流防洪压力。

2. 增强洪水调蓄能力

以提高流域洪水整体调控能力和重点地区防洪能力为目的，加快实施流域控制性水库工程建设，充分发挥其有效拦洪削峰错峰的作用，减轻下游防洪压力，主要通过病险水库除险加固，巩固和提高现有控制性水库工程对洪水的调控能力。

3. 优化分蓄洪区分蓄洪功能

加快蓄滞洪区布局优化调整与建设，以长江、淮河、海河等流域为重点，推进蓄滞洪区工程和安全建设，确保蓄滞洪区“分得进、蓄得住、退得出”。

4. 提升基础设施防洪能力

通过加大坝高、提高水库泄洪能力、增设水库放空设施，以及采用新型筑坝及防护技术等工程措施，提升水库大坝的防洪能力。

5. 强化应急抢险避险措施

当出现漫顶险情时，快速采取应急措施避免或延缓漫顶条件下土石坝溃决对于降低溃决损失尤为重要。从应急腾空库容、拓展泄流和行洪能力、加强坝体防护等方面采取有效应急措施，提升水库在超标准洪水条件下的抗风险能力，避免和降低大坝溃决损失。

安全监测

实践表明，对水库大坝等水工建筑物及其基础和近坝岸坡开展安全监测，可以达到三个目的：一是在施工过程中监控工程安全和开展反馈分析，优化和提高设计与施工水平；二是监视建筑物在初次蓄水期间以及服役期的运行性态，保障工程安全运行；三是通过工作性态分析，检验设计与施工效果，为提高和修正水工设计与施工理论等提供科学依据。

中国大多数水库大坝建设年代较为久远，水利信息化基础设施薄弱，隐患识别、智能诊断、预测预警能力较为薄弱，基于物联网、人工智能、云平台等新技术的应用能力也较为薄弱。中国正积极提升大坝安全监测能力，包括完善水库雨水情监测、大坝工程安全监测、大坝安全视频监控等监测设施，因地制宜构建水库大坝及库区网络环境，建立健全应急响应机制和预案，提高水库库区和大坝的防洪预警、应急抢险避险能力。

大坝工程安全监测

大坝工程安全监测方法包括巡视检查和用仪器进行监测，仪器监测应与巡视检查相结合。大坝工程安全监测，应根据工程等级、规模、结构型式及地形、地质条件和地理环境等因素，设置必要的监测项目及设施，进行系统安全监测。大坝工程安全监测主要包括监测渗流量、渗流压力（扬压力）、表面变形、环境量以及开展巡视检查。此外，根据工程实际，对影响大坝安全的裂缝、近坝滑坡体表面变形、白蚁等害堤动物危害进行监测。

水库雨水情监测

水库雨水情监测主要包括监测降雨量、水库水位等环境量。根据水库安全风险、对周边影响程度和雨水情预报预警实际需要，在水库所在流域和区域范围内安装埋设雨水情监测设施。雨水情监测预报信息是打好水旱灾害防御硬仗的重要依据，目前正加快构建气象卫星和测雨雷达、雨量站、水文站组成的雨水情监测“三道防线”，以期进一步延长雨水情预见期、提高精准度，为水库防汛工作提供决策支持。

“天、空、地、内”一体化数据服务体系（1）

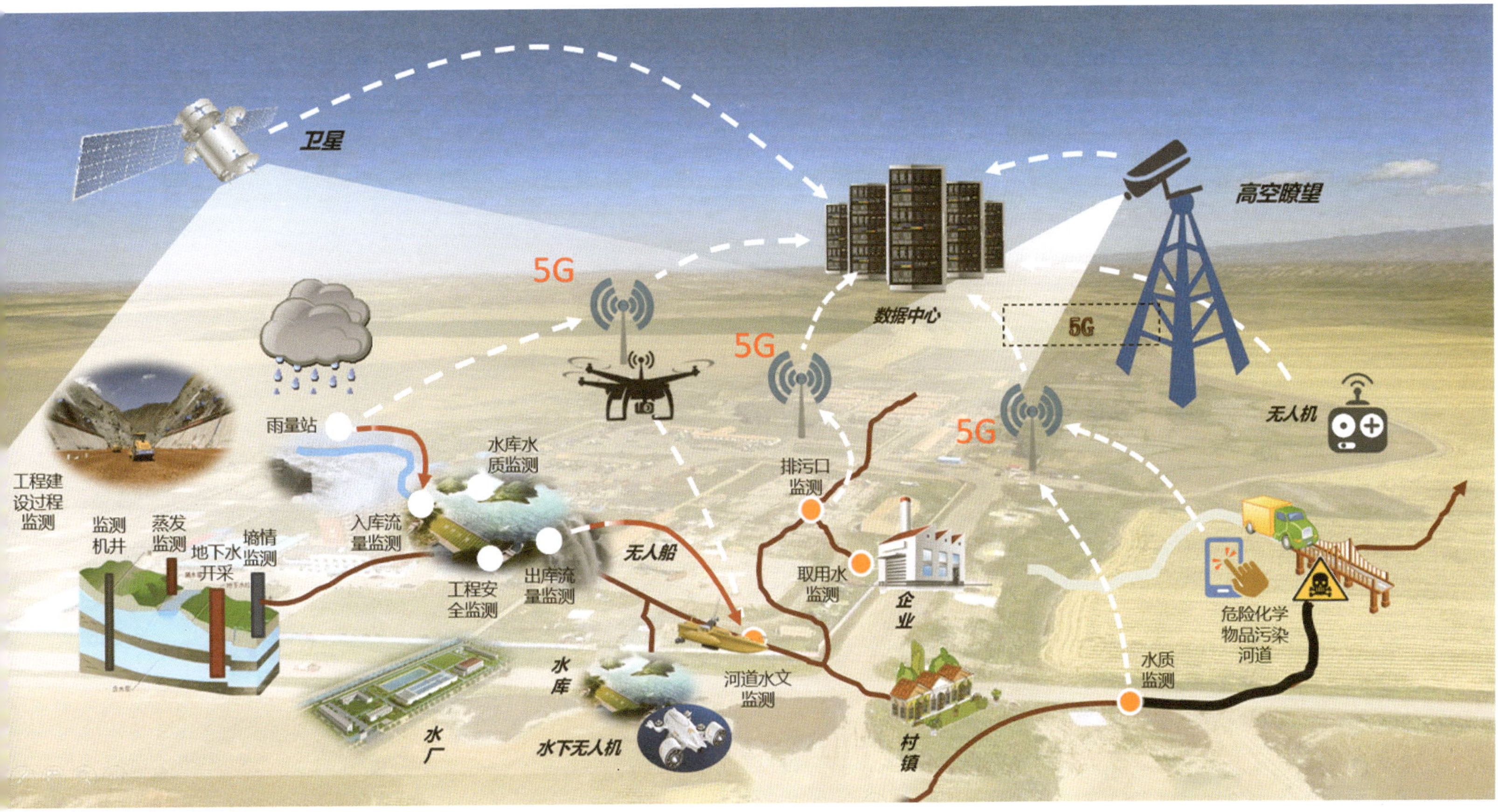

"天、空、地、内"一体化数据服务体系（2）

大坝安全视频监控

视频监控是安全防范系统的重要组成部分，它是一种防范能力较强的综合系统。视频监控以其直观、准确、及时和信息内容丰富等优势而广泛应用于许多场合。大坝安全视频监控系统作为常规安全监测手段的补充，旨在获取全天候、全过程、大范围的视频信息，与巡视检查、仪器监测相结合，监控水库大坝整体面貌以及异常变形、坝后渗漏、泄输水建筑物进出口、近坝水面等重点安全部位，具备远程巡视大坝建设情况和运行性态的功能。中小型水库工程监测仪器相对偏少，现场管理能力不足，更需要建立大坝安全视频监控系统，协助远程监控了解大坝现场运行状态，提高大坝安全管理水平。

新技术的应用

随着新一代信息技术的应用，大坝安全监测领域也逐步探索应用基于边缘计算的智能终端等新技术、新设备，实现自动化、智能化监测，实现漫坝预警、入侵检测等。对于地理位置极其重要、风险等级极高的小型水库，可根据安全管理和大坝安全监测工作需要，积极应用 5G、北斗高精度 GNSS、智能终端、人工智能等新技术，提升大坝安全动态感知能力。此外，采用集成高算力 AI 芯片、基于边缘计算的智能终端，融合水位、雨量观测，结合全天候视频摄像机，具备水尺识别、漫坝预警、入侵检测功能，现地 LED 屏集成，实现雨水情现地智慧感知和融合预警。

水库大坝安全慧眼借助视频 AI 技术，实现泄洪监测、渗漏监测、水位监测、库区管理等，自动分析前端多源信息，对泄洪时下游渔船、库区 非法侵入、非法游泳等智能化及时预警、整治指令自动外呼发送，提高人工监管效率。

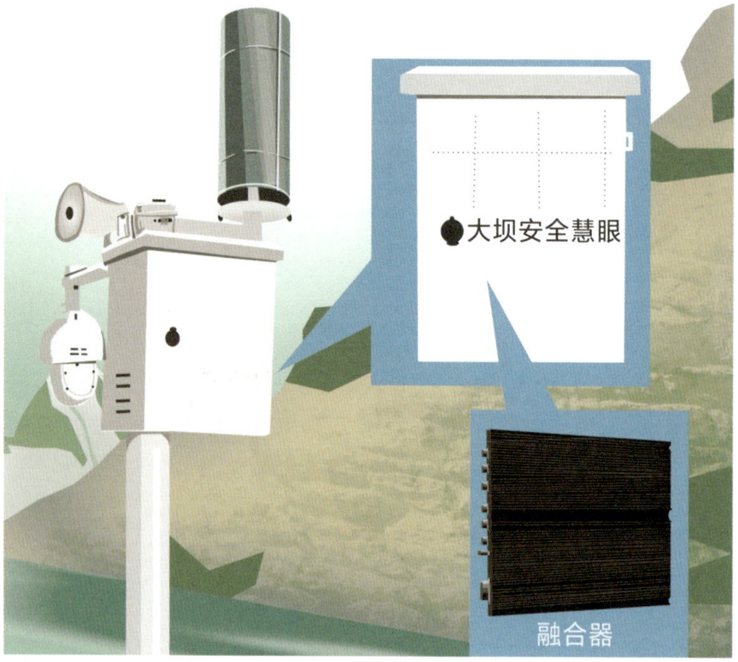

大坝安全慧眼

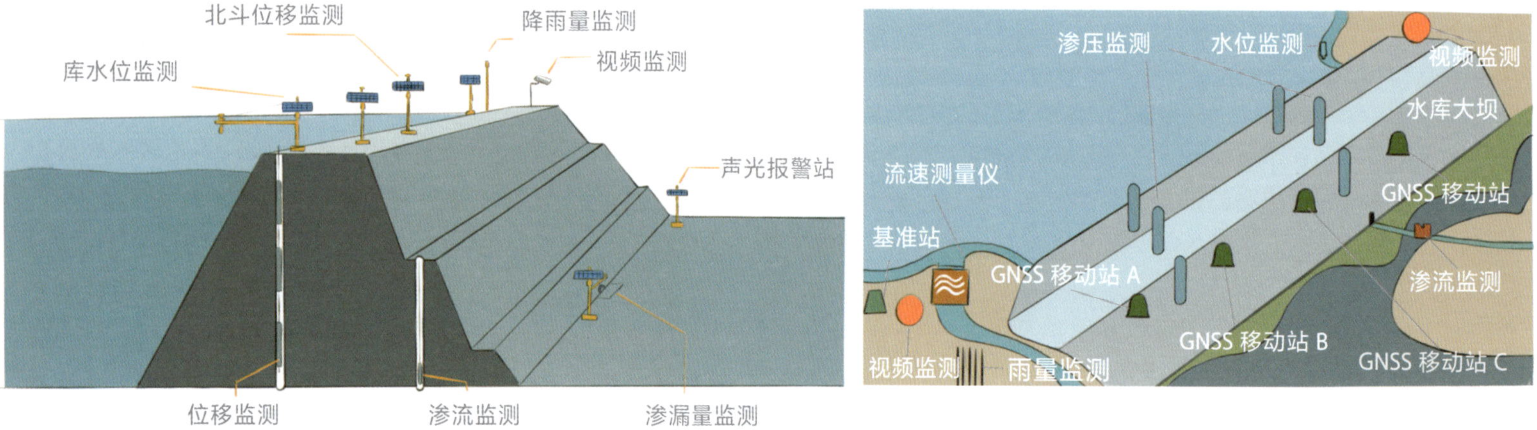

水库大坝安全监测项目

隐患探测

中国早期修建的水库大坝，限于当时技术水平，普遍存在建设标准低、坝下埋涵结构缺陷和接触渗漏、防渗体系不完善等先天缺陷，此外，受工程老化、水库淤积、生物破坏、极端工况或不确定性因素影响，以及变化环境下各类突发事件发生的频率和强度显著增强，水库大坝运行安全面临的各种风险挑战明显增加，亟待加强隐患探测能力。

车载堤坝险情隐患快速探测装备

内部隐患探测利器
——车载堤坝险情隐患快速探测装备

依托应急管理部发布的首批“防汛抢险急需技术装备揭榜攻关项目”，由南京水利科学研究院牵头，联合南京莱斯信息技术股份有限公司、重庆大学、广州市中海达测绘仪器有限公司等单位共同攻关车载堤坝险情隐患快速探测装备。该成套装备包括综合探测指挥车和巡堤查险无人车组，通过创新时变和瞬变电磁波技术探测内部隐患，融合车载三维激光系统和云台全景摄像诊断外部险情，可短时间完成百米堤坝风险预报，能快速探明管涌、渗漏、崩岸等险情隐患，让应急救援和防汛抢险更主动、更高效。

水下隐患探测利器
——“禹龙号”大坝深水检测载人潜水器

依托“十三五”国家重点研发计划项目，南京水利科学研究院联合中船 702 所牵头自主研发“禹龙号”大坝深水检测载人潜水器，设计最大深度可达 300 m 以上，首次实现水库大坝深水复杂环境载人潜水装备从 0 到 1 的突破，解决了大坝深水检测载人潜水器避障定位、悬停作业、附着物清理、渗漏示踪、激光测距等多项关键技术，为高坝大库深水检测与修补加固提供了新的技术手段与装备，入选国家“十三五”创新成果展重点成果。

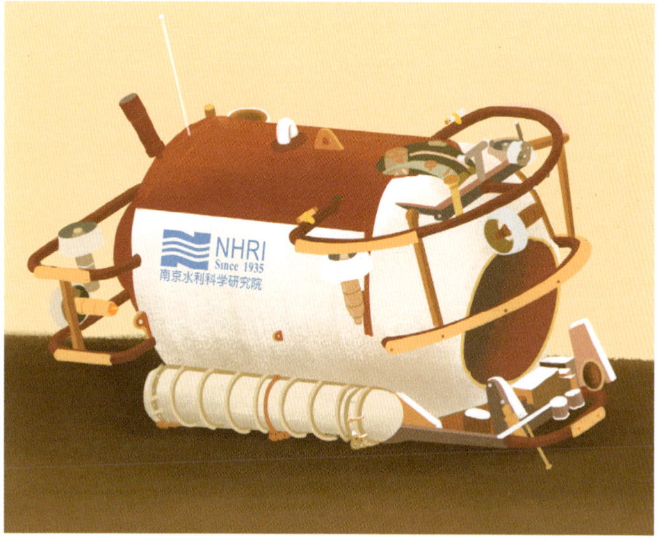

"禹龙号"大坝深水检测载人潜水器

"禹龙号"主要技术指标

最大工作水深：300 m
规格：4.6 m × 2.6 m × 2.3 m
重量（空气中）：6.6 t
动力源：38kW·h
行走速度：1 ~ 2 km/s
载员：2 人
生命支持时间：2 × 8 h（正常），2 × 72 h（应急）
水下作业时间：8 h
作业系统：机械手 2 只（5 功能开关 +6 功能主从）、工具篮 1 套
观测系统：多波束成像声呐、高清摄像机、水下照明灯
通信系统：水声电话、VHF 无线电通信

深水清淤与疏堵利器
——"达诺 1 号（DreRo-Ⅰ）"水下机器人平台

结合高坝深孔深水、封闭狭小复杂环境需求，中国自主研发了集深孔建筑物水下自行检查、清理淤积、疏通封堵、水下爆破切割、水下修复等多种功能于一体的 100 m 级深水环境深孔自推进疏堵"达诺 1 号（DreRo-Ⅰ）"水下机器人平台。

"达诺 1 号（DreRo-Ⅰ）"主要技术指标

设计工作水深：200 m
规格：4.5 m × 2.5 m × 2.2 m
重量（空气中）：3.7 t
重量（水中）：2.7 t
行走速度：0.5 m/s
车体离地高：0 ~ 300 mm
液压系统油压：0 ~ 25 MPa
液压系统油温：0 ~ 80℃
输配电：3000 V、40 kW

"达诺 1 号（DreRo-Ⅰ）"水下机器人

无人机缺陷检测

传统大坝隐患缺陷检测方法存在局限性，已经无法适应现阶段智慧水利的发展需求。通过无人机搭载高清相机进行大坝表面全覆盖影像获取，可自动对裂缝、漏筋、渗水析钙、脱落等隐患缺陷进行分析检测。

利用无人机进行大坝缺陷检测

安全管理

大坝安全管理内涵新形势

水库大坝安全不仅要关注工程自身安全，还需要关注失事对下游公共安全、生态安全构成的潜在风险，并综合采取工程措施和非工程措施，将风险控制在可接受的范围以内。

系统大坝安全理念就是要强化大坝安全风险管理，包括工程安全、公共安全和生态安全三部分。其中，工程安全是指工程安全运行得到保障，设备设施配套到位，工程隐患排查、治理及时；公共安全是指社会服务功能可持续，应急避险设施完整，非工程措施到位；生态安全是指水库水质达标，生态流量满足要求，生态环境优美，库区淤积适量。

大坝安全管理逻辑图

第一阶段

1949年至1978年

大坝安全意识和管理体系较为薄弱，重建轻管，安全法规和管理技术缺乏，溃坝事故发生较多

第二阶段

1978年至20世纪末

大坝安全管理法规制度逐步建立，工程安全管理体系基本形成

第三阶段

21世纪以来

建管并重，强化风险管理，通过健全法规制度、落实大坝安全责任、推进水管体制改革、大规模开展病险水库除险加固、强化应急管理等工作，我国水库大坝安全状况与管理条件得到根本性改变，年均溃坝率大幅降低，进入世界低溃坝率国家行列

中国大坝安全管理体系发展的三个阶段

大坝风险分级

根据《国家突发公共事件总体应急预案》(2006 年)和《中华人民共和国突发事件应对法》(2007 年)，溃坝突发事件预警级别依据其可能造成的危害程度、紧急程度和发展态势划分为四级，即 I 级（特别重大）、II 级（重大）、III 级（较大）和 IV 级（一般），依次用红色、橙色、黄色和蓝色表示。相应地，大坝风险可划分为如下四级：

I 级，极高风险，以红色表示；

II 级，高风险，以橙色表示；

III 级，中等风险，以黄色表示；

IV 级，低风险，以蓝色表示。

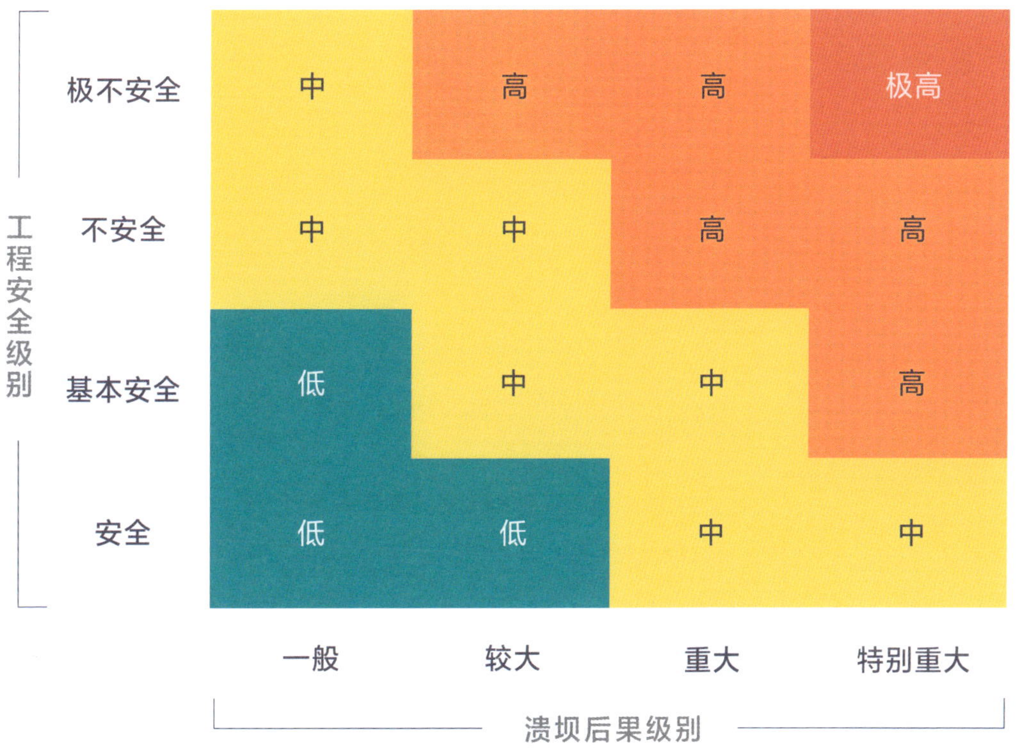

水库大坝风险定性分级图

防汛抢险实景训练

南京水利科学研究院牵头设计，在江苏省建成国内首个防汛抢险实训场，实现了土质堤坝常见险情的“逼真模拟、带水抢险、快速恢复”。

江苏省防汛抢险演练基地用于加大对抢险人员专业培训，该基地 2017 年投入运行，截至 2022 年底，已培训 24 批次 3100 多名专业抢险队员。

新形势下水库分类处置

面对人民对优质水资源、健康水生态、宜居水环境的美好生活追求，加之绿色发展、生态文明建设、乡村振兴等新发展理念和运行环境的新形势变化，国家提出了统筹发展与安全，建设更高水平的平安中国，赋予了水库大坝安全新的内涵和新的要求。随着大坝运行环境和功能需求发生的巨大变化，新形势下对水库的除险加固以及运行维护遵循“系统治理”的思路，按照正常运行、整治提升和降等报废三类工程实施。

江苏省防汛抢险演练基地

水库大坝安全标准体系

经过多年发展，中国水库大坝安全技术标准体系日益完善，主要包括确定大坝及其附属建筑物的防洪标准、抗震设防标准、安全超高、结构安全系数、控制应力、容许渗透坡降等，以及按 SL 106《水库工程管理设计规范》、SL 258《水库大坝安全评价导则》、SL 551《土石坝安全监测技术规范》、SL 601《混凝土坝安全监测技术规范》、SL 766《大坝安全监测系统鉴定技术规范》等要求确定水库运行管理机构、管理人员和安全监测、防汛交通、通信、管理房、防汛仓库、应急设备等管理设施的配置标准等。

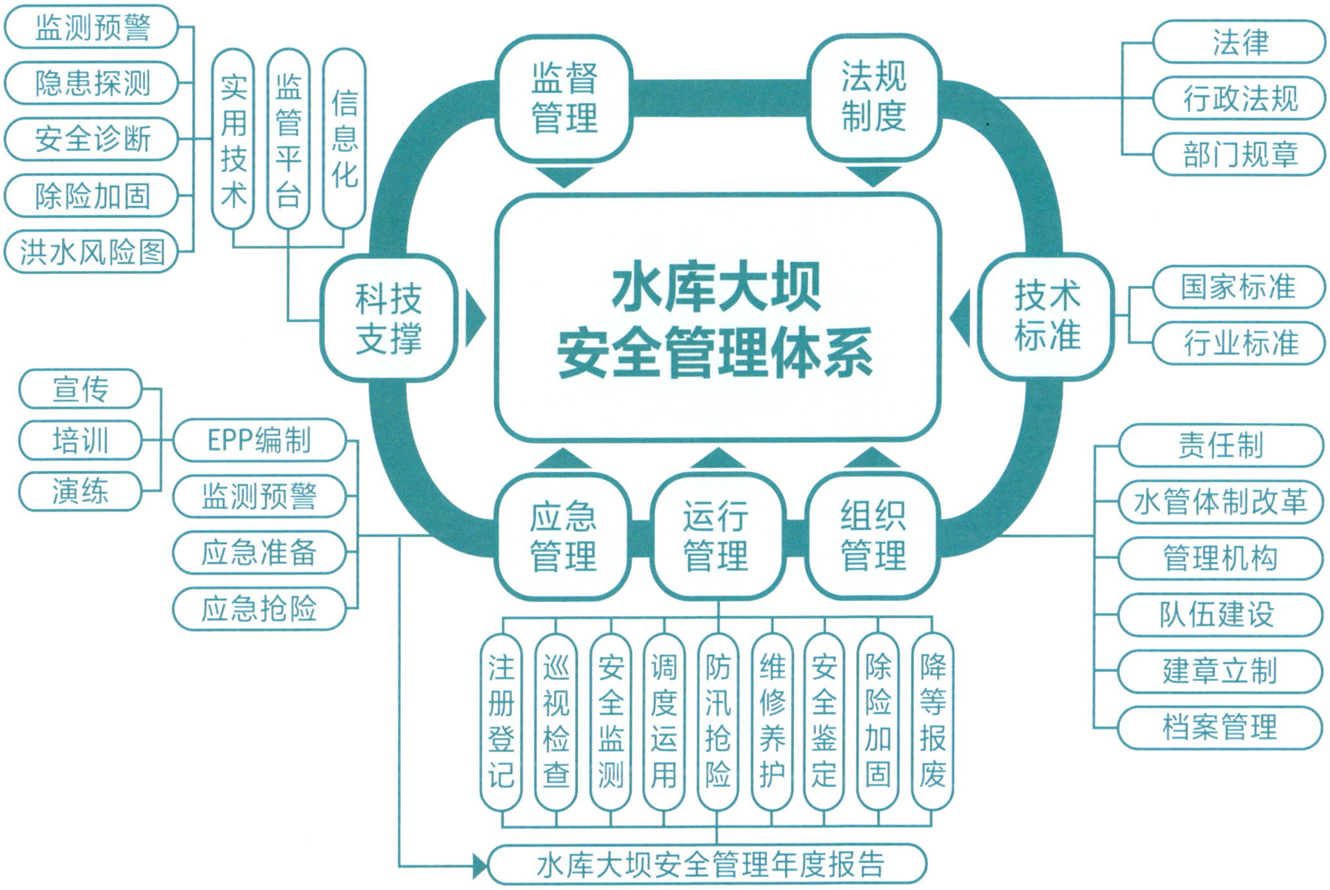

水库大坝安全管理体系架构示意图

数字孪生水利及“四预”能力建设

数字孪生也被称为数字映射、数字镜像，其显著特征是对实体对象的动态仿真。建设水库大坝数字孪生工程，就是通过数字化方式创建水库大坝实体工程的孪生双胞胎——虚拟动态仿真，借助历史数据、实时数据、算法模型等，模拟、验证、预测、控制水库大坝工程的全生命周期。

近年来，随着云计算、大数据等高新技术的飞速发展，水利行业智慧转型步伐明显加快，通过数字孪生手段，对大坝进行全面分析、智能调控，为工程建设、运行管理提供了有力支撑。数字孪生水利作为智慧水利建设的一种新理念、新模式，将带动更大产业力量和智力资源协同参与。水利业务“四预”（预报、预警、预演、预案）是智慧水利建设的重要组成部分，通过“四预”能力建设，保持数字孪生大坝与物理大坝交互的精准性、同步性、及时性，进而提升水库大坝安全监控能力和水平。

数字孪生大坝工程的数字世界

构建现代化水库运行管理矩阵

实施全覆盖、全要素、全天候、全周期“四全”管理，完善体制、机制、法治、责任制“四制（治）”体系，强化预报、预警、预演、预案“四预”措施，加强水库及时除险、定期体检、日常维护、安全保障“四管”工作，全面提升水库运行管理精准化、信息化、现代化水平。

四全

全覆盖
- 全部水库信息全面动态掌握
- 全部水库监管全覆盖
- 全部水库信息接入系统并迭代升级

全要素
- 工程特性运行管理信息全要素
- 库区洪水影响范围信息全要素
- 下游洪水影响范围信息全要素

全天候
- 构建全天候动态监控体系
- 枢纽区实时动态监测
- 库区、下游河道实时动态监测

全周期
- 建设-运行-报废全周期
- 数字信息档案全周期
- 水库动态管理全周期

四制(治)

体　制
- 明确各大坝主管部门职责任务
- 明晰水库安全管理主体责任
- 深化水库管理体制改革

机　制
- 完善大坝注册登记与备案机制
- 稳定管护经费投入渠道
- 健全除险加固和运行管护机制

法　治
- 健全水库运行管理制度标准体系
- 严格水行政执法
- 推动法规制度落实

责任制
- 健全大坝安全监管责任体系
- 建立责任人培训履职抽查制度
- 严肃漫坝险情垮坝事件责任追究

四预

预　报
- 构建雨水情监测预报“三道防线”
- 加强大坝安全监测设施建设
- 及时分析研判大坝安全性态
- 加快雨水情测报和大坝安全监测平台建设

预　警
- 提升水库风险监测预警能力
- 强化监测数据汇集分析应用
- 建立完善预警指标体系
- 完善预警信息发布机制

预　演
- 调用雨水情测报、安全监测、预警信息
- 开展标准内和超标准洪水演进仿真预演
- 掌握洪水影响区范围与危害程度
- 支撑防洪调度指挥决策工作

预　案
- 完善调度规程（方案）和应急预案
- 增强方案预案科学性、针对性、可操作性
- 强化实战演练，落实应急处置措施
- 提升水库突发事件应对能力

四管

除　险
- 常态化开展安全隐患治理
- 加快病险水库除险加固
- 强化病险水库限制运用、安全度汛、应急管理
- 健全水库降等与报废退出机制

体　检
- 规范开展巡查监测检测排查
- 严格安全鉴定工作程序
- 强化安全鉴定成果质量
- 加强先进技术设备应用

维　护
- 加强水库专业化管护工作
- 推进白蚁等危害动物防治
- 加强淤积与侵占情况摸排
- 积极推进科学清淤工作

安　全
- 加快推进水库划界工作
- 依法查处危害水库安全行为
- 落实库区和下游洪水影响区转移措施
- 加强网络、信息、治安等安全防范工作

现代化水库运行管理矩阵

第7章

大坝之“最”

大坝是人类建造的超级工程，在这些“庞然大物”中，谁又是其中的佼佼者呢？下面就带大家来盘点一下大坝之“最”吧。

世界大坝之“最”

坝高

截至 2022 年底，世界最高坝为中国的锦屏一级水电站大坝，坝高 305m。世界坝高排名前十的大坝，坝高为 305 ~ 261m。

库容

截至 2022 年底，世界最大水库为乌干达的欧文瀑布水库，总库容为 2048 亿 m^3。世界库容排名前十的水利工程，库容为 2048 亿 ~ 684 亿 m^3。

装机容量

截至 2022 年底，世界装机容量最大的水电站为中国的三峡水利枢纽水电站，总装机容量为 22500MW。世界装机容量排名前十的水利工程，装机容量为 22500 ~ 6800MW。

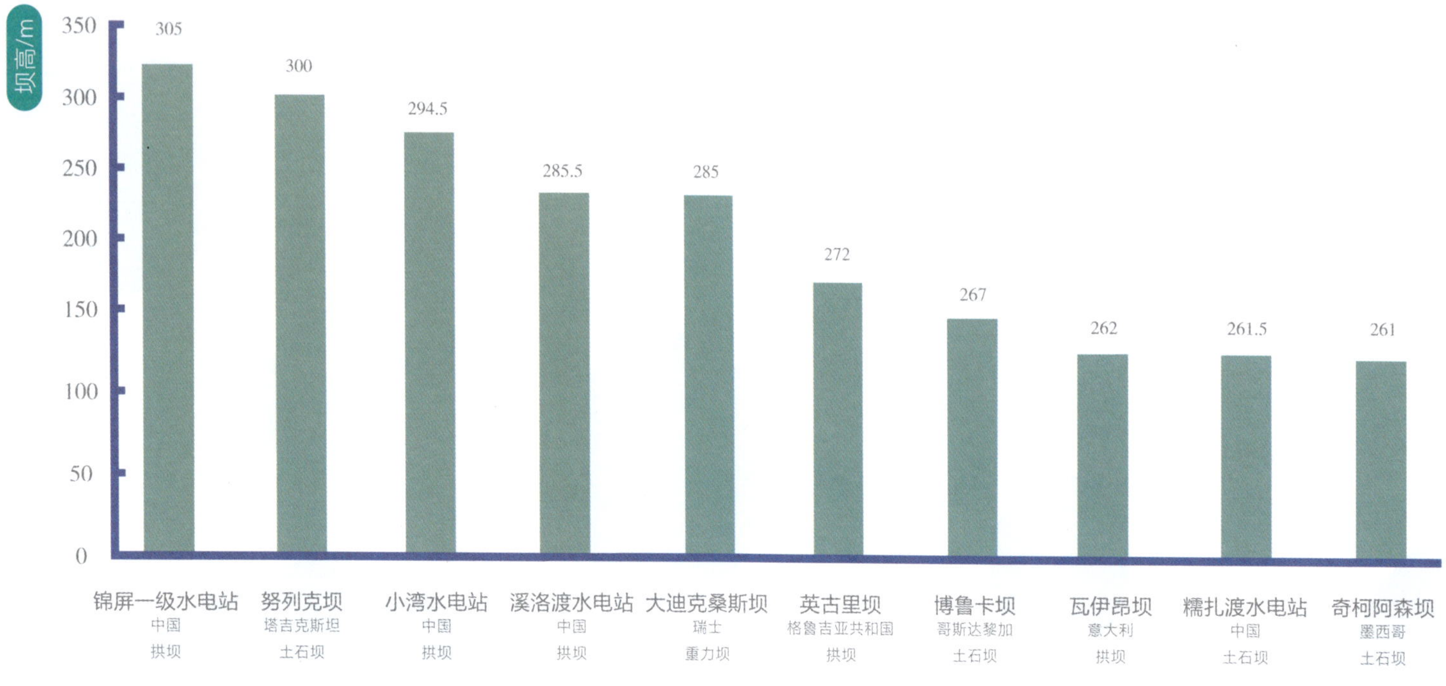

世界坝高排名前十的已建水利工程

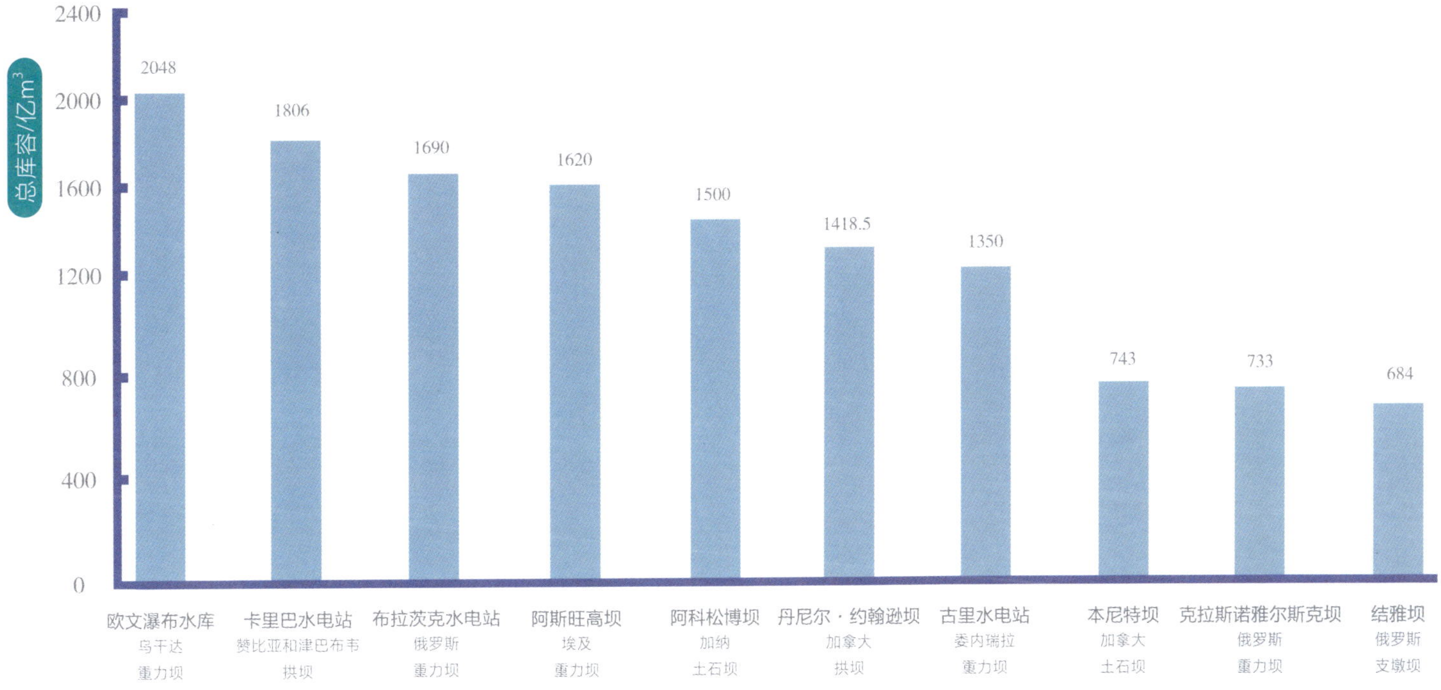

世界库容排名前十的已建水利工程

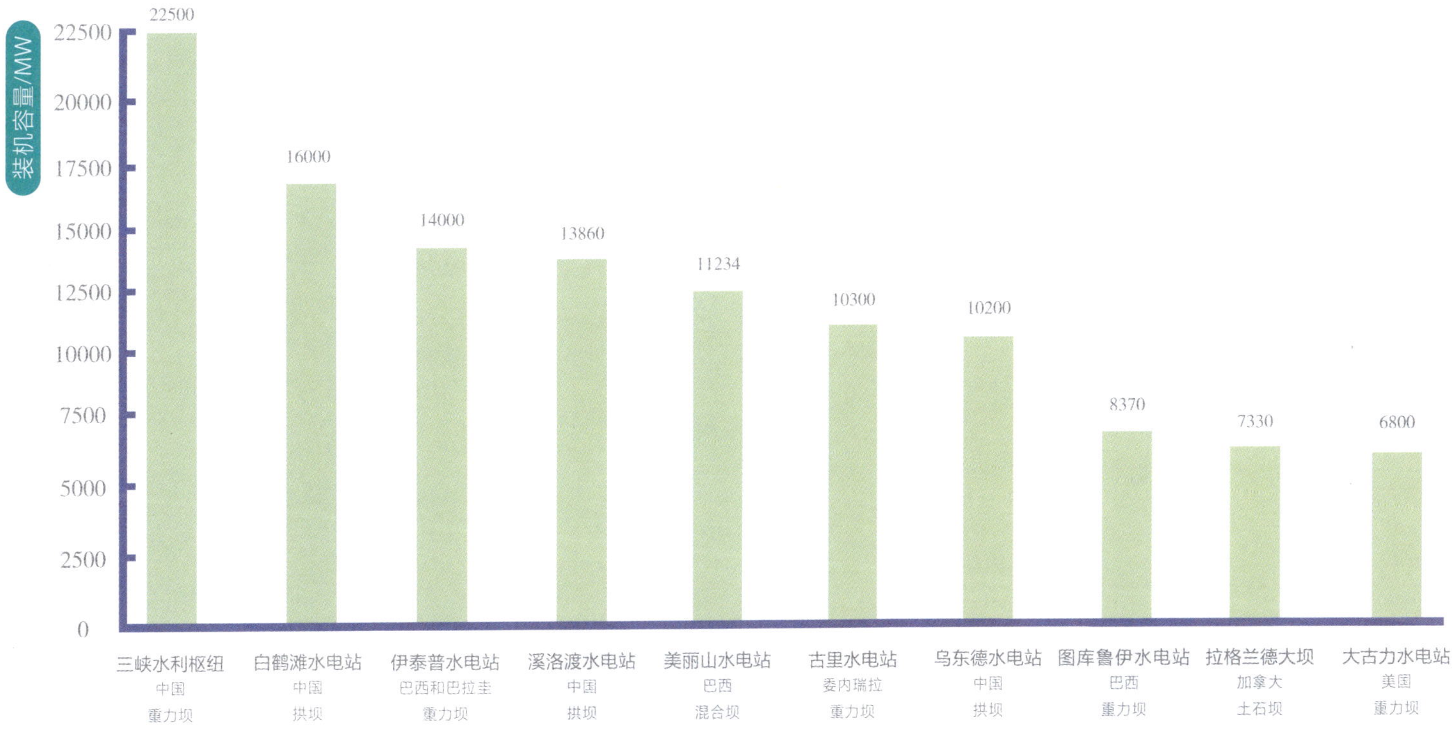

世界装机容量排名前十的已建水利工程

中国大坝之“最”

坝高

截至 2022 年底，中国最高的大坝为锦屏一级水电站大坝，坝高 305m。全国排名前十的大坝坝高为 305 ～ 223.5m。

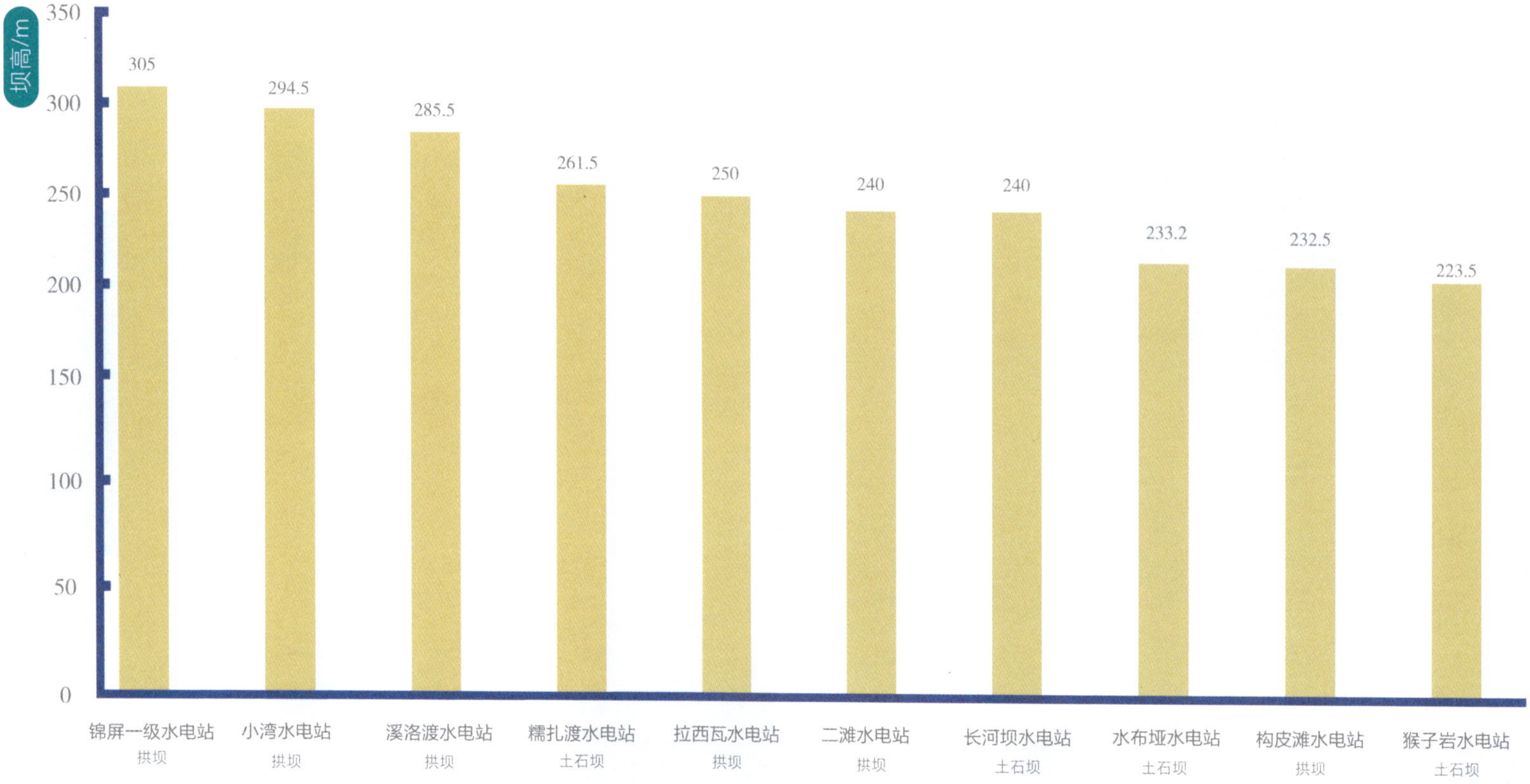

中国坝高排名前十的已建水利工程

库容

截至2022年底，中国库容最大的水库为三峡水利枢纽，总库容为393亿m^3。全国排名前十的水库库容为393亿～126.5亿m^3。

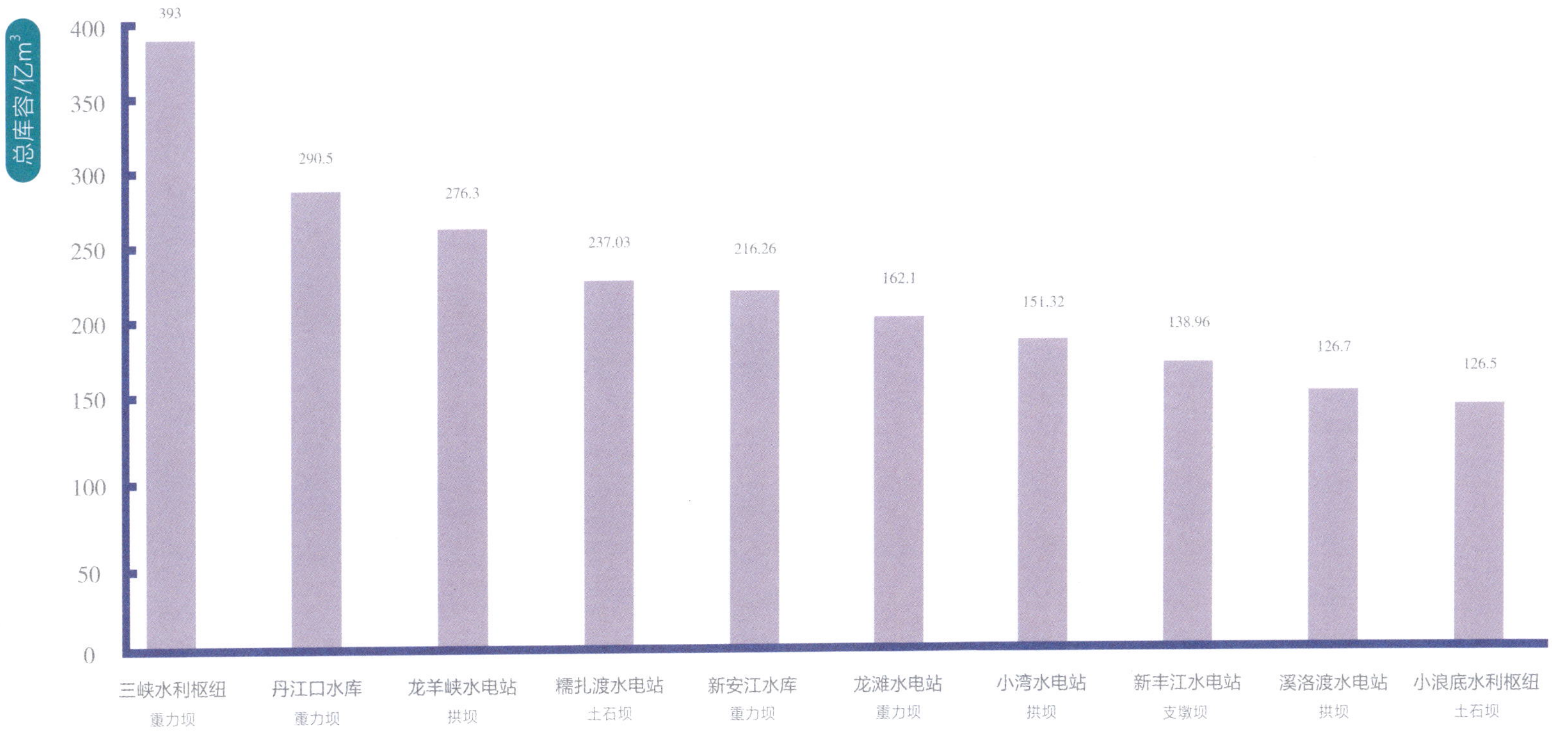

中国库容排名前十的已建水利工程

装机容量

截至 2022 年底，中国装机容量最大的水电站是三峡水利枢纽，装机容量为 22500MW。全国排名前十的水电站装机容量为 22500 ~ 4200MW。

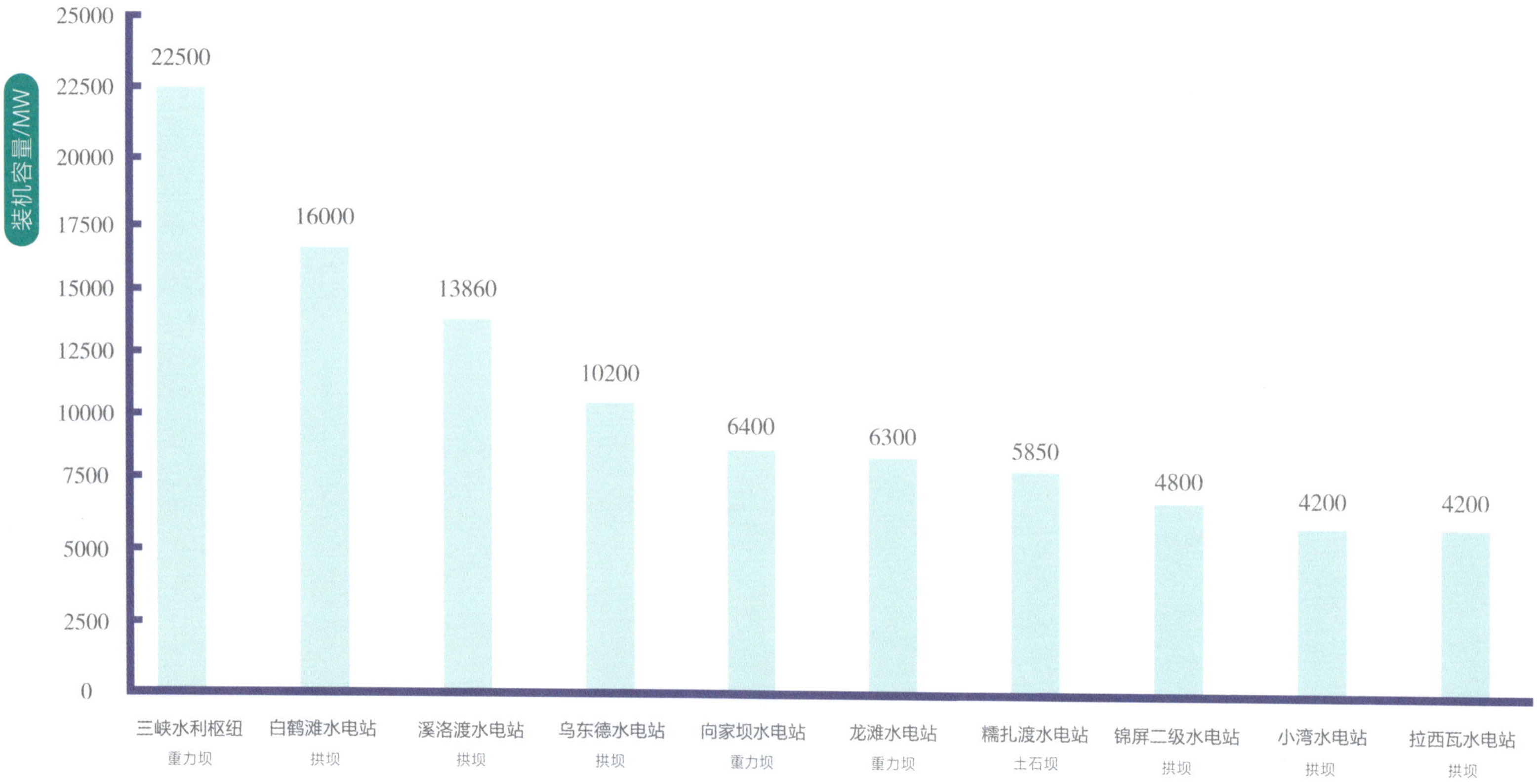

中国装机容量排名前十的已建水利工程

水库分布

截至 2021 年底，全国已建水库 97036 座，分布在全国 31 个省、自治区、直辖市（港澳台未统计在内）。其中，水库数量排名前十的省份为湖南、江西、广东、四川、湖北、云南、安徽、山东、广西和浙江。

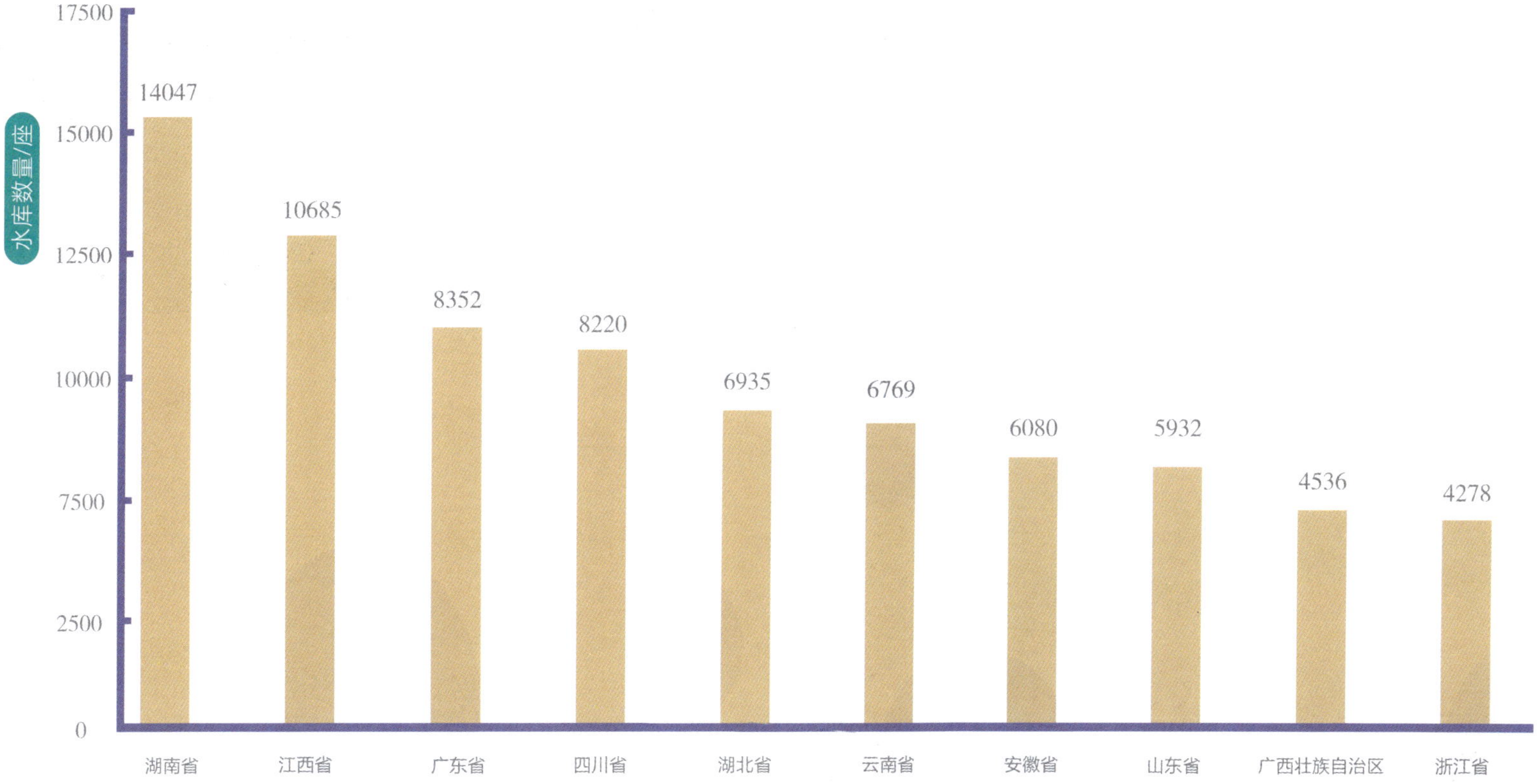

中国水库数量排名前十的地区

中国的“第一坝”

中国第一座水电站
—— 石龙坝水电站

石龙坝水电站是中国第一座水电站，位于云南省昆明市螳螂川畔。石龙坝水电站建设始于清宣统二年（1910 年），中途因战乱停工，最终于民国元年（1912 年）建成并发电。后来从一个车间扩建到四个车间，至今仍发挥较大效益。

石龙坝水电站

佛子岭水电站

新中国第一坝
—— 佛子岭水库

佛子岭水电站是中华人民共和国成立之初治理淮河的第一个骨干工程，是中国自行设计的具有当时国际先进水平的大型连拱坝，被誉为“新中国第一坝”，在百废待兴的新中国水利水电建设史上具有里程碑的意义。佛子岭大坝为钢筋混凝土连拱坝，坝高 75.9 m，总库容为 4.96 亿 m^3，主要任务是防洪、灌溉、供水和发电。

万里长江第一坝
—— 葛洲坝水利枢纽

葛洲坝水利枢纽是长江干流上兴建的第一座大型水电工程，被誉为 20 世纪中国水电发展史上的里程碑。葛洲坝也是三峡工程的航运梯级工程，可对三峡水电站下游水位进行反调节，并且可利用河段落差发电。葛洲坝最大坝高 48 m，水库总库容 15.8 亿 m^3，电站总装机容量达 271.5 万 kW。

葛洲坝水利枢纽

三门峡水利枢纽

万里黄河第一坝
—— 三门峡大坝

三门峡水利枢纽是黄河干流上兴建的第一座大型水利枢纽工程，主要任务是防洪、防凌、灌溉和发电。三门峡大坝为混凝土重力坝，最大坝高 106 m，水库总库容为 159.35 亿 m^3。

附录 | 专业词汇解释

河川径流量

某一时段内通过河流某一过水断面的水量。

防渗体

主要应用于土石坝的防渗工程，其形式包括心墙、斜墙、铺盖和截水墙等。其作用为减少渗流量；降低浸润线，增加下游坝坡的稳定性；降低渗透坡降，防止渗透变形。

水资源

可资利用或有可能被利用的水源，这个水源应具有足够的数量和合适的质量，并满足某一地方在一段时间内具体利用的需求。

建基面

与水工建筑物直接相连的基岩面。

大坝风险

包括溃决可能性和溃坝后果两个方面，前者与大坝工程安全程度有关，后者与下游人口与基础设施分布及经济社会发展水平有关。

流域

以分水岭为界的一个河流、湖泊或海洋等的所有水系所覆盖的区域，以及由水系构成的集水区。

四预

包括预报、预警、预演、预案。预报是指对降水、水位、流量、水质等水安全要素进行趋势研判；预警是指对江河洪水、山洪灾害、工程灾害等水利灾害进行风险分析；预演是指对水利调度方案进行模拟；预案是指应对措施与组织实施。

扬压力

因上、下游水位差而产生的渗流作用于建筑物基底截面或其他截面的力。扬压力是一个铅直向上的力，它减小了结构作用在地基上的有效压力，从而降低了结构的抗滑力。

升船机

指利用机械装置升降船舶以克服航道上集中水位落差的通航建筑物。

水利枢纽

是为满足各项水利工程兴利除害的目标，在河流或渠道的适宜地段修建的不同类型水工建筑物的综合体。水利枢纽常以其形成的水库或主体工程——大坝、水电站的名称来命名。

隐患

影响或潜在影响工程安全的坝体、坝基内部质量缺陷、薄弱部位，水下结构缺陷及其他不利因素。

水库

在河道山谷、低洼地及地下含水层修建大坝、水闸等所形成拦蓄水量调节径流的蓄水区，是调蓄洪水的主要工程措施之一。

装机容量

指水电站中所装有的全部水力发电机组额定功率的总和，它是表征一座水电站建设规模和电力生产能力的主要指标之一。

水电站

由水力系统、机械系统和电能产生装置等组成，是实现水能到电能转换的水利枢纽工程。

溢洪道

常见的泄水建筑物，用于宣泄设计库容所不能容纳的洪水，保证坝体安全的溢流泄水建筑物。

年径流量

也称年流量，指一年内通过河流某一过水断面的水量。

生态流量

指水流区城内保持生态环境所需要的水流流量，是维持下游生物生存、生态平衡的最小水流量。